# なぜトヨタは税金を払っていなかったのか?

パナマ文書を超える日本経済最大のタブー

元国税調査官
大村大次郎

ビジネス社

# はじめに

## デフレ不況の元凶はトヨタだった

「日本の法人税は高い」

多くの経済学者、経済評論家が口にすることである。

しかし、それは事実ではない。

確かに日本の法人に関する税金は、名目の上では、世界のなかで高い部類に入る。

が、大企業にはさまざまな税の抜け穴があり、実質的に負担している額は非常に低いのである。税法には複雑な仕組みがあり、それをうまく利用すれば、非常に税金を安く抑えられる。また昨今の税制では、明らかに大企業を優遇している制度が多々つくられている。

そのため大企業は、非常にずる賢く税を逃れているのである。

そして、その象徴的なものがトヨタだといえる。

トヨタは、近年、まったく法人税を払っていない時期があった。また現在も税負担率は、名目の法人税率よりもかなり低い。


**「トヨタが税金を払わないで、誰が払うのだ」**

という話である。

そしてトヨタは日本のリーディング・カンパニーである。トヨタがやっていることは、他の企業も真似をする。そのため、日本中の大企業の実質の税負担率は非常に低い、ということになっている。

またトヨタは税金だけじゃなく、雇用の面でも日本経済に大きな悪影響を与えてきた。トヨタが90年代以降に採ってきた雇用政策は、日本の非正規雇用を激増させ、サラリーマンの給料を下げ続けることになった。

極端に言えば、**「デフレ不況はトヨタが起こした」**ということなのである。

トヨタは日本最大の企業であり、巨大な広告主でもあるので、普通のマスメディアではトヨタを批判することは非常に難しい。

だからトヨタは一体何をしているのか？　ということは、なかなか見えてこない。

筆者は元国税調査官であり、企業の税や会計について深く携わってきた。必然的にトヨタが何をしているのか、見えてきてしまう。

マスコミの端くれにいる身としても、この事実は伝えなくてはならないと考え、本書を執筆した次第である。

もくじ

なぜトヨタは税金を払っていなかったのか？

# 第1章　トヨタの税金の抜け穴

# 第2章 トヨタが日本の雇用ルールを壊した

# 第3章 消費税はトヨタのためにつくられた

# 序章

# トヨタが
# 税金を払って
# いなかった理由

# トヨタ「虚構の世界一」

2015年、トヨタは自動車販売台数において、フォルクスワーゲンを抑えて世界一となった。トヨタの販売台数世界一は、これで4年連続である。

このことについて、誇りに思っている日本人も多いだろう。

しかし、このトヨタの世界一というのは、虚構のものである。販売台数に誤魔化《ごまか》しがあるというような、そういう話ではない。

確かにトヨタは販売台数では世界一になった。

が、トヨタは、フォルクスワーゲンやアメリカのフォードなどと比べると、明らかにズルい面がある。

なぜならば、**トヨタは先進国の企業とは言えないような非道な方法で、業績を拡大してきた**からである。

どういうことか？

まずトヨタは、税金などで非常に優遇されてきた。

あまり語られることはないが、日本の税金は、あからさまにトヨタが得をするような変革をとげてきた。日本の税制は、トヨタを中心に回っているといってもいいほどなのである。

信じられないかも知れないが、トヨタは2009年から5年間も法人税を払っていなかったのである（詳しくは後述）。この間、トヨタは最高収益を更新しているほど儲かっていたというのに、である。

そして、消費税も実はトヨタの強い意向で導入されたものなのである。消費税の導入とともに、自動車に関する税が相次いで廃止、縮小されている。結果的に自動車に関連する税は、消費税をプラスしても、総額でマイナスになっているのだ。しかもトヨタは、「戻し税」といって、多額の消費税の還付を受けている。トヨタは消費税の導入によって、大きな得をしたとさえいえるのだ。

またトヨタは税金を安くしてもらうだけでなく、エコカー補助金などという事実上の企業補助金も獲得している。このエコカー補助金は、環境保護と景気対策をかねた施策であるが、他にさまざまな方法があるなかで、なぜ自動車業界だけが優遇されたのか、疑問点が多々ある。

さらにここが大きな問題点なのだが、トヨタは税金面だけでなく、雇用や賃金の面で、先進国の企業とは思えないよう非情なことをしている。

有体に言えば、トヨタは従業員の賃金を安く抑え込み、非正規従業員を自社の都合によって増減させ、経営を維持してきたのだ。

このトヨタの雇用形態は、欧米の基準をはるかに下回るものである。欧米の自動車企業は、トヨタのような雇用政策を採ることはできない。欧米では、労働者の権利は強く守られており、賃上げのスピードなども日本企業とは比較にならない。

日本では欧米に比べて、労働者の権利は弱い。しかも近年、雇用や労働条件は悪化の一途をたどっている。トヨタはその潮流をつくった企業でもある。

そして、このトヨタの雇用政策は国が後押しをしたものである。この20年間、国は非正規雇用の範囲を広げたり、賃金アップの凍結を容認してきたのだ。

つまりトヨタは、先進国の企業とは言えないような不公正なルールのもとで、世界一になったのである。

そしてトヨタは、国からこれでもかというくらい優遇されてきた。

現在のトヨタという企業は、日本人として、決して誇れるものではない。

そしてトヨタというのは、よくも悪くも現在の日本企業を象徴するものでもある。

昨今の日本企業は、株主ばかりに目が行き、当面の収益を増やすことに躍起になっている。非正規雇用を増やし、悪どい節税策を施すことで、表向きの業績を保ってきた。この

### 近年、トヨタが得をした税制改正（主なもの）

| | 内容 | トヨタの主な恩恵 |
|---|---|---|
| 1989年 | 消費税導入 | 消費税導入に伴い自動車にかかっていた物品税が廃止され、自動車購入にかかる税金は消費税を含めてもかなり割安になった |
| 2003年 | 一定の研究開発を行う企業に大減税 | トヨタの法人税は、実質20％減となる |
| 2009年 | 海外子会社からの受取配当金を非課税とする | トヨタはこの恩恵のために、５年間、法人税を払わずに済んだ |
| 2009年 | エコカー補助金 | トヨタ車だけで約4000億円の補助金 |

流れは、トヨタとトヨタを後押しした国の政策がつくったものといえる。

もちろん、このような税制が続けば、日本経済はめちゃくちゃになってしまう。

実際にトヨタ優遇税制が敷かれるようになった近年、日本の経済や国民生活は、めちゃくちゃになってしまった。

「日本の税制が、いかにトヨタ中心になっているか」

「どれだけトヨタを優遇しているのか」

「日本経済にどんな悪影響を与えてきたのか」

以上の点を、これからつまびらかにしていきたい。

多くの人は、怒りを生じずには、読み終えられないはずである。

## トヨタは5年間税金を払っていなかった！

昨今、トヨタの業績がいいことは、多くの方がご存じのことだと思う。

アベノミクスによる円安の恩恵もあり、トヨタは近年、急激に業績を向上させている。

2015年3月期の連結決算では、グループの最終利益が2兆円を超えた。利益が2兆円を超えたのは、日本の企業としては初めてのことである。

このように企業としては非常に調子のいいトヨタだが、実は2009年から2013年までの5年間、国内で法人税等を払っていなかった。

2014年3月期の決算発表の際に、豊田章男社長が衝撃的な発言をした。

「一番うれしいのは納税できること。社長になってから国内では税金を払っていなかった。企業は税金を払って社会貢献するのが存続の一番の使命。納税できる会社として、スタートラインに立てたことが素直にうれしい」

この言葉に、度を失った人は多いのではないだろうか？

**日本最大の企業が、日本で税金を払っていなかった**というのである。

ここでいう税金とは、法人税、事業税と法人住民税の一部のことである。

## トヨタの経常利益の推移

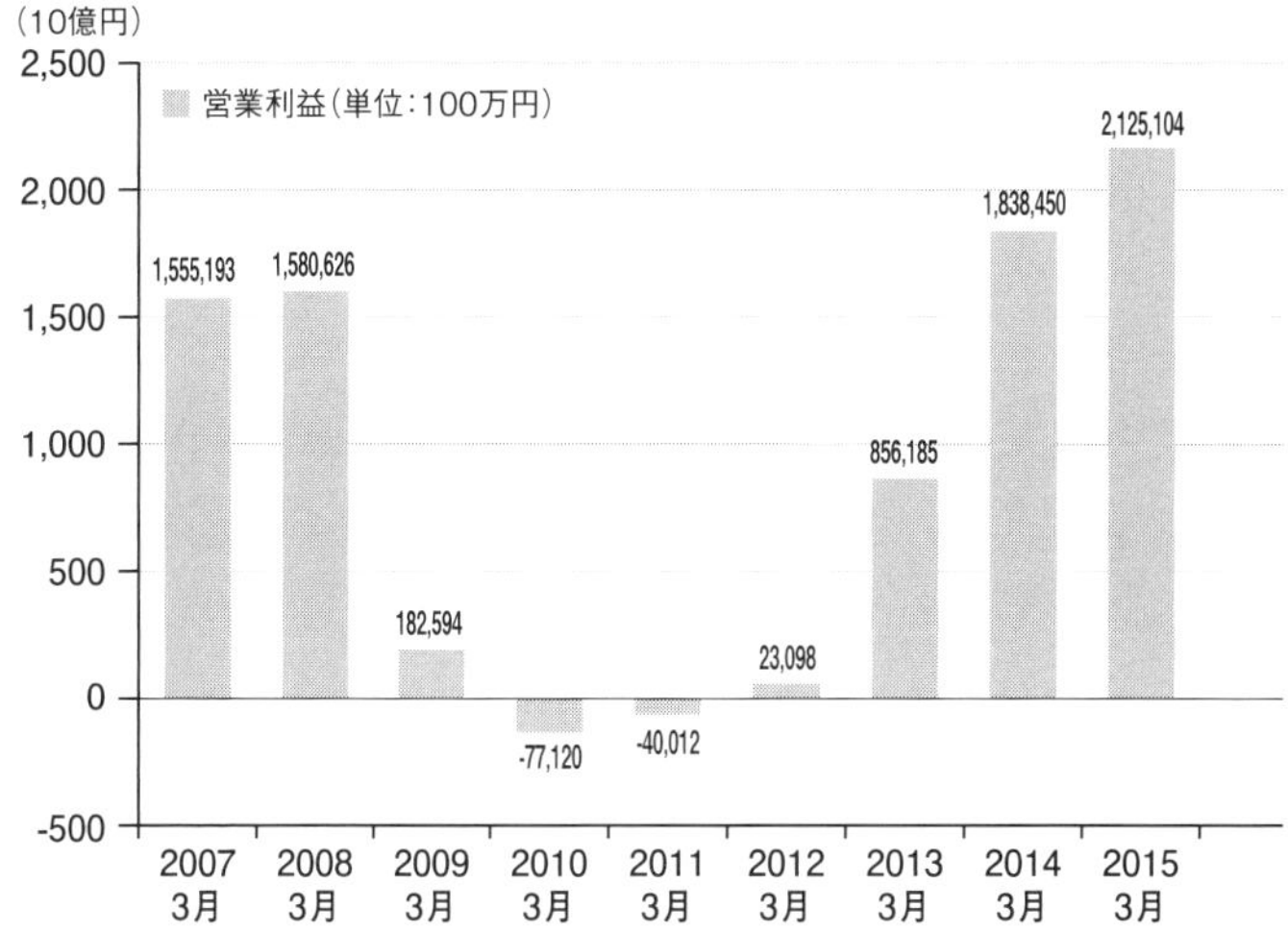


これら三つの税金は、事業の収益に対して課せられるものである。つまり黒字の企業に対して、その黒字分にかかってくる税金である。

２００９年から２０１３年までというのは、リーマン・ショックと大震災の影響などがあり、確かに業績のよくない企業は多かった。

が、トヨタはそうではなかった。この5年間で、トヨタはずっと赤字だったわけではない。近年赤字だったのは、リーマン・ショックの影響を受けた２０１０年期、２０１１年期の2年だけである。それ以外の年はずっと黒字だったのだ。

日本の法人税制には、赤字繰り越し制度というものがある。これは決算が赤字だった場合、その赤字分の金額が5年間繰り越される制度である。だから、2012年3月期に税金を払っていなかったというのは、理解できる。

だが、2013年3月期には、その赤字分は解消しているはずであり、税金を払わなければならなかったはずだ。

また2009年3月期は黒字であり、赤字繰り越しもなかったはずなので、この期には税金を払わなければならなかったはずだ。

にもかかわらず、なぜトヨタは2009年から2013年まで税金を払っていなかったのか?

実は、そこには巧妙なカラクリがある。そして、そこに、**日本税制の最大の闇**が隠されているのである。闇とは、近年の日本の税制がトヨタを中心に設計されてきたことである。ざっくり言えば、トヨタの恩恵のために税システムが改造されてきたのだ。

その象徴的な出来事が、「5年間税金なし」なのである。

## 「受取配当の非課税」という不思議

トヨタが5年間も税金を払っていなかった最大の理由は、「外国子会社からの受取配当の益金不算入」という制度にある。

これは、どういう制度か。外国の子会社から配当を受け取った場合、その95％は課税対象からはずされるのだ。

たとえば、ある企業が外国子会社から１０００億円の配当を受けたとする。この企業は、この１０００億円の配当収入のうち、９５０億円を課税収入から除外できるのだ。つまり９５０億円の収入については、無税ということになるのだ。

なぜこのような制度があるのか？

現地国と日本で二重に課税されることを防ぐために、という建前である。

外国子会社からの配当は、現地で税金が源泉徴収されているケースが多い。もともと現地で税金を払っている収入なので、日本では税金を払わなくていい、という理屈である。

現地国で払う税金と日本で払う税金が同じならば、その理屈も納得できる。

もし現地国で30％の税金を払っているのであれば、日本の法人税を免除にしても問題ない。

が、配当金の税金というのは世界的に見て、法人税よりも安い。

つまり現地で払う税金は、日本で払うべき税金よりもかなり少なくてすむのだ。

たとえば１０００億円の配当があった場合、現地での源泉徴収額はだいたい１００億円程度である。

しかし、日本で1000億円の収入があった場合は、本来、約300億円の税金を払わなければならない。

つまり現地で100億円の税金を払っているからという理由で、日本で約300億円の税金を免除されているのだ。実際は、もう少し細かい計算が必要となるが、ざっくり言えば、このような仕組みになっている。

配当に対する税金は、世界的にだいたい10％前後である。途上国やタックスヘイブンと呼ばれる地域では、ゼロに近いところも多い。

対する法人税は、世界的に見て20％～30％である。日本も23・4％（国税のみの場合）である。

だから、「現地で配当金の税金を払ったから、本国の法人税を免除する」ということになれば、**企業側が儲かるのは目に見えている**。

アメリカの子会社が日本の本社に配当した場合、源泉徴収額は10％である。一方、日本の法人税は国税＋地方税で約30％である。

アメリカで10％徴収されている代わりに、日本で約30％の徴収を免除されるわけだ。その差額分が、本社の懐に入っている。

理屈から言って、海外子会社が現地で支払った受取配当金の源泉徴収分を、日本の法人税から差し引けば、それで済むわけである。法人税を丸々、免除する必要はないはずだ。たとえば、アメリカで100億円の税金を払っているならば、日本で払うべき300億円の税金から100億円を差し引き、残りの200億円を日本で払うべきだろう。にもかかわらず、アメリカで100億円を払っているから日本の300億円の税金を丸々免除してしまっているところが、税制の**「抜け穴」**となっているのだ。

## 本当は儲かっているのに税務上は赤字に

トヨタは詳細を公表してないが、「受取配当の非課税制度」を利用して税金を免れていたことは明白である。

次ページの表を見てほしい。

2009年3月期は、営業利益は赤字だったのに、経常利益は黒字になっている。これは、**「トヨタ本社の営業だけによる収支は赤字だったけれど、海外子会社からの配当などにより、黒字になった」**ということである。

## トヨタの売上、利益の推移

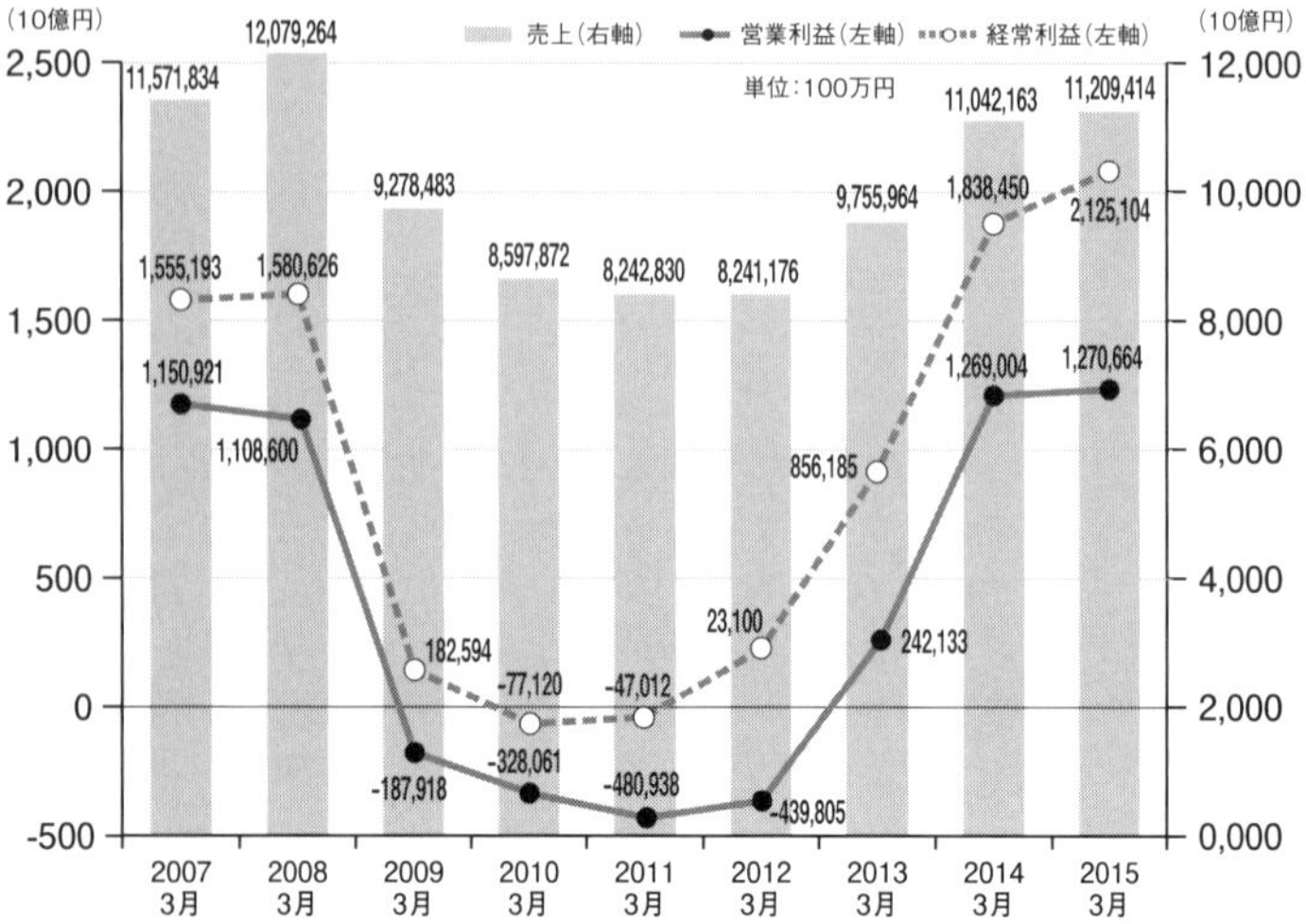


２０１０年３月期も、営業利益は３２８０億円もの赤字だったが、経常利益となるとその赤字額は７７１億円までに縮小されている。２０１１年３月期も、営業利益は４８０９億円もの赤字だったが、経常利益の赤字は４７０億円まで縮小している。

そして２０１２年３月期は、営業利益では４３９８億円もの赤字だったのに、経常利益は２３１億円の黒字となっている。

これらも、海外子会社の配当などが大きく寄与していると見られる。

そして、海外子会社の配当は、課税所得から除外されているので、税務上の決算書では、営業利益の赤字ばかりが積み上がった。

つまり、**「本当は儲かっているのに、税務上は赤字」**ということになっていたのだ。

その結果、２０１４年３月期まで日本で法人税を払わずに済んだのである。

## 「受取配当の非課税」はトヨタのためにつくられた

実はこの話はこれだけでは終わらない。

これだけの話ならば、「トヨタは税制の隙をうまくついて節税していた」というだけのことである。

しかしトヨタの場合、それだけではなく、もっと悪質な背景があるのだ。

というのは、「この制度自体、トヨタのためにつくられたようなもの」なのだ。

つまりトヨタは、本来、課税されるべきところを法律を変えさせて、課税されなくしてしまったのだ。

ようするにトヨタは「税制の優遇制度をうまく利用した」のではなく、**「自社の利益のために税制を変えさせた」**のである。

一企業が日本の税制を変えてしまったなどというのは、にわかには信じられないだろう。

が、昨今の税制の変革を丹念に見てみると、トヨタの有利になるように変えられていると

## トヨタの海外販売台数の推移

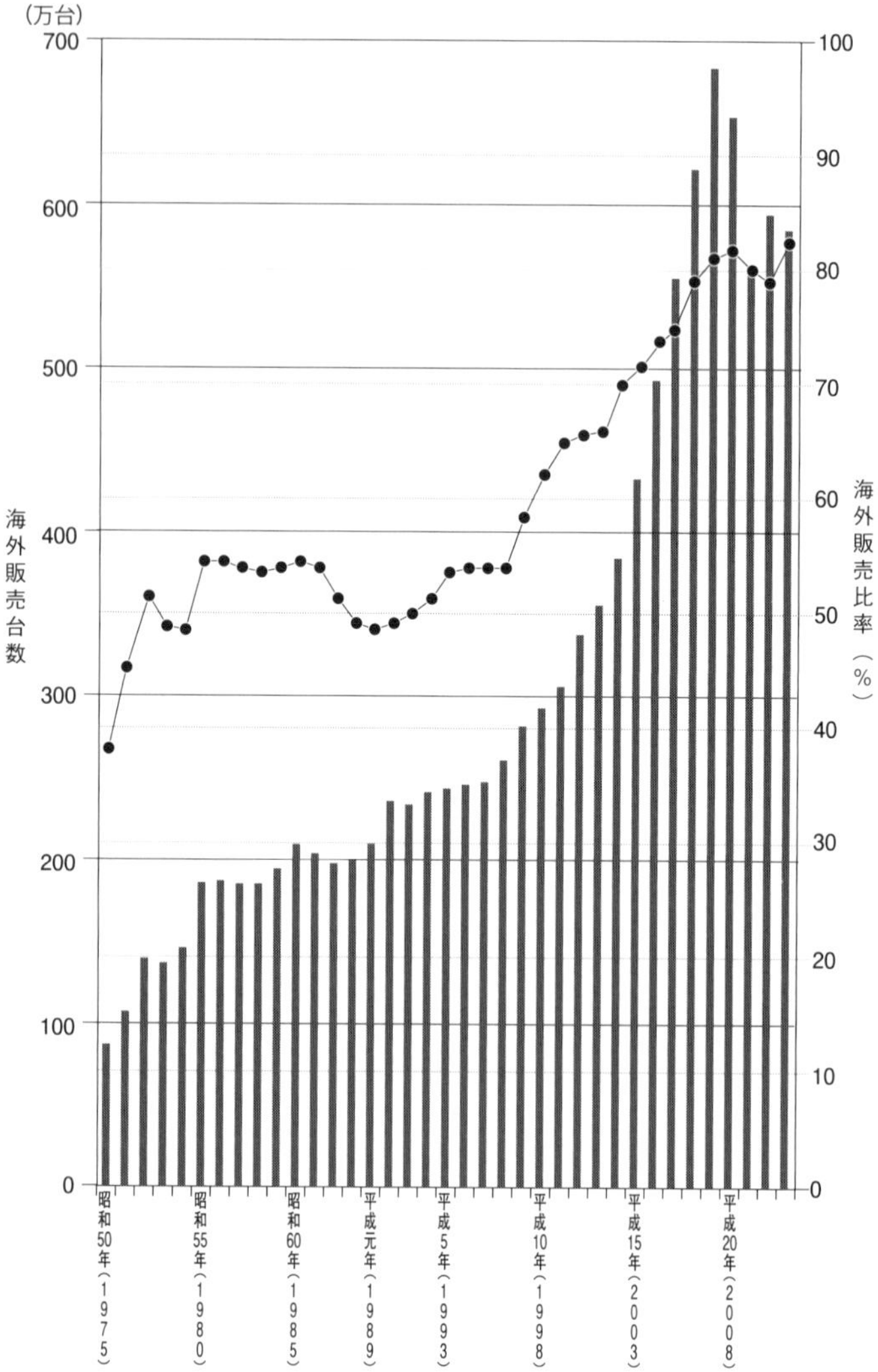


＊台数はトヨタとレクサスの合計

しか考えられない。

海外子会社配当の非課税制度が導入されたのは、２００９年である。

それまで海外子会社からの配当は、源泉徴収された税金分だけを日本の法人税から控除するという、ごくまっとうな方法が採られていた。それが２００９年から、配当金自体を非課税にするという非常におかしな制度が採り入れられた。

そして、トヨタは２００９年期から5年間税金を払っていないのである。まさにトヨタが税金を払わなくて済むためにつくられたような制度なのだ。

トヨタはバブル崩壊以降、国内での販売台数が落ち込み、海外での販売にシフトしていった。特に90年代に入ってからは、海外販売の割合を急激に増やした。それまで50％程度だった海外販売の割合は、２０００年代後半には80％前後で推移するようになった。

２０００年代後半、トヨタは完全に海外依存型の企業になったのである。

海外での販売はほとんどの場合、トヨタの本社が直接行うものではない。つまり海外に子会社をつくり、その子会社が海外販売を担う。

必然的に２０００年代の後半から、海外子会社からの受取配当がトヨタの「収入の柱」になっていった。

海外子会社配当の非課税制度というのは、**トヨタの「収入の柱」を非課税にする制度**なのである。

しかもトヨタの海外販売が激増した直後の2009年から、この非課税制度が始まったのだ。単なる偶然では、到底、片づけられない流れだ。

## 海外子会社を使った課税逃れ

海外子会社の受取配当の税金を安くする制度は、日本だけではなく、先進諸国で導入されている。日本がこの制度を導入したのは、それらを真似したという面がある。

だから、「この制度は必要なこと」と主張する経済評論家なども多い。

だが、それは非常に早計である。

他の先進諸国の税体系は日本とかなり違う。ヨーロッパ諸国は、間接税が主要税目であり、収益や配当などに対してはあまり税が課せられていない。その代わり企業は高率の付加価値税を払っているのだ。そして個人の配当所得にはしっかり税金がかかるので、企業の直接税は少なくても最終的には企業の持ち主が税負担することになっている。それは日本と大きく違う。

また、世界経済の中心であるアメリカは「外国子会社配当非課税」の制度を採用していない（景気対策として一時的に似たような制度をつくったことはある）。

だから、よその国がやっているからといって、そのまま日本に持って来ればいいというわけではないのだ。

外国子会社受取配当非課税には、さらに問題点がある。

**多国籍企業にとって逃税がしやすくなる**のだ。

トヨタのような多国籍に展開している企業というのは、本社や各国の現地法人との間で商品や部品のやり取りをしている。

そのやり取りのなかで、税金の安い国の現地法人に利益を集中させ、税金の高い国の現地法人ではあまり利益が出ないような取引設定をすれば、グループ全体の税金を下げることができるのだ。

たとえば日本から東南アジアの税金が安い国に、車を輸出する場合。日本での利益がほとんど出ないように、原価のような価格で輸出をし、現地法人でがっぽり利益がでるような価格設定をする。そうすれば、日本の本社では利益が出ず、税金は払わないで済むのだ。

これは、昨今、多国籍企業がよく採っている税逃れの方法である。この問題に先進諸国は頭を悩ませている。

このような税逃れに対し、先進各国は多国籍企業のグループ内取引に不自然な価格設定があれば指導、摘発を行っている。

しかしグループ内の価格設定というのは、身内同士の取引であり、どうにでも言い訳ができるものである。税務当局も「明らかに不自然である」という証明がなかなかできにくいことから、手をこまねいているのが現状である。

外国子会社からの受取配当非課税制度などをつくれば、この税逃れがますます加速していくはずである。

実際、トヨタの昨今の決算書を見ると、明らかに日本本社での利益が少なく、海外子会社の利益が多くなっている。

たとえば2014年3月期では海外子会社からの収入が5000億円程度と見られているのが、翌年の2015年3月期には、8000億円程度に跳ね上がっている。2014年と2015年を比べると、2014年のほうが、海外販売台数は多いのである。にもかかわらず、2015年の海外からの収益は激増しているのだ。

トヨタがグループ内の利益を海外に移しているかどうかというのは、為替の影響などもあるので、一概には言えない。だが、そういう疑いをもたれても仕方のない傾向が決算書から見られるのである。

なにはともあれ、外国子会社非課税制度が欠陥だらけであることは間違いない。そんな制度をトヨタの機嫌を取るようにして採り入れた政治家、官僚たちは愚かと言うほかない。

## 受取配当非課税は企業の海外移転を加速させる

受取配当非課税制度の問題点はこれだけではない。

この制度は、国内でモノづくりを頑張るより、海外に移転したほうが得をする、というものである。必然的に、企業の海外移転を加速させることになる。

日本企業の海外進出は、確実に日本経済を蝕んでいる。

「海外進出」

というと聞こえはいいが、要は日本の工場や技術を海外に移転するということである。

当然のことながら、日本経済に大きな悪影響を及ぼす。

「日本企業が海外進出しても収益が増えるのであれば、結果的に日本に利益をもたらす」

と述べる経済評論家などもいる。

これは、経済の現場をまったく知らない人の意見である。

もし100億円の売上があり、10億円の収益を得ていたある日本企業が、海外に進出して20億円の収益を得たとしよう。この企業は10億円の増収であり、その分の利益を日本にもたらしているように見える。

しかし、実際はまったく違う。

その企業は、日本で活動しているときには10億円の収益しか得られていなかったにしても、その10億円の収益を得るためには、90億円の経費を投じているわけである。その経費はすべて日本国内に落ちるわけだ。それは多くの雇用を生むことになるし、国内の他の企業の収益にもなる。つまり10億円の収益と合わせて１００億円の経済効果を、この企業は生んでいるのである。

しかし、これが海外に進出してしまえば、国内で使っていた90億円の経費がなくなることになる。日本にもたらされるお金は20億円だけである。この企業は20億円の経済効果しか生まないのである。

## シャープに見る日本企業の自殺行為

しかも日本の企業が海外に進出するということは、日本の技術が海外に流出するということになる。

企業がどれほど技術の流出防止に努めたとしても、外国に工場設備まで建ててしまえば技術流出を止められるはずがない。

そして進出先の国では、当然、技術力が上がる。日本人が長年努力してつくり上げてきた技術が、企業の海外進出によって簡単に外国に提供されてしまうのである。

中国、台湾などの企業が急激に発展したのは、日本がこれらの国に進出したことと無関係ではない。日本がこれらの国で工場をつくり、無償で技術を提供したために、彼らは急激に技術力をつけていったのである。

現在の日本の家電企業などの停滞は、もとはと言えば日本企業が安易に海外進出したことで起こったのだ。

企業としては、当面の収益を上げるために人件費の安い外国に進出したくなる。

だが、これは長い目で見れば、決してその企業の繁栄にはつながらない。進出先の国でその技術が盗まれ、安い人件費を使って、対抗してくるからである。

つまり日本企業は、**自分で自分の首を絞めている**のだ。

**シャープなどがいい例**である。

シャープは、１９７０年代からアジア諸国に工場をつくっていた。台湾にも、１９８６年に子会社と工場をつくっている。それが台湾、シンガポールなどの技術力の向上につながった。当時のシャープは、よもや台湾やアジア諸国の企業が自社と競合し、打ち負かされるなどということは思いも及ばなかったはずだ。

だが、30年後の現在、シャープは台湾企業に買収されてしまった。

日本企業や日本政府は、この問題に本気で取り組んで欲しいものである。

日本企業が海外に移転するのを促進するのではなく、国内で頑張ることを支援する。そうしないと今後、ますます日本企業の地盤低下は進んでいくはずだ。

断っておくが、筆者はナショナリストではない。日本だけが発展すればいいなどとは思っていないし、発展途上国も豊かになって欲しいと思っている。だから日本企業が発展途上国の技術向上に寄与することは、やぶさかではない。

日本企業が「国際貢献をしたい」「発展途上国に技術供与をしたい」という意識のもとで、海外展開を行っているのであれば、筆者はもろ手を挙げて賛同したい。

しかしながら、現在の日本企業の海外進出は、安い人件費を求めて目先の利益確保のために行われている。

そのために日本の雇用や技術が失われることは、まったく考慮されていない。つまりは、**収益**（株主のため）**のことしか考えていない**のである。

日本で培われた技術は、まず日本のために生かすべきであろう。日本の雇用を守り、日本人の生活を豊かにする、まずそこに使われるべきである。その上で、発展途上国にも寄与すればいいのである。

株主の利益を優先するばかりに、日本の雇用と技術力を失わせることは、絶対に間違っている。

## パナマ文書とトヨタ

ところで、２０１６年4月、「パナマ文書」が世界中を揺るがした。

パナマ文書というのは、タックスヘイブンを利用していた世界中の富裕層、要人たちのリストが書かれた文書のことである。何者かによって、南ドイツ新聞に持ち込まれ、世界中にさらされることになった。

タックスヘイブンというのは、税金が極端に安い国、地域のことである。

このタックスヘイブンは、近年、先進国にとって頭の痛い問題となっていた。大企業や富裕層がタックスヘイブンを利用し、本国での税金を逃れる。それは先進諸国の財政を大きく圧迫することになった。そのため先進諸国ではお互い協力して、タックスヘイブン対策を行う話が進められていた。

そんな矢先に出てきたのが、パナマ文書なのである。

パナマ文書では、イギリスのキャメロン首相、ロシアのプーチン大統領、中国の習近平国家主席など世界各国の要人たちがタックスヘイブンと何らかの形で関わりをもっていたことが明らかになった。タックスヘイブンを防止しなければならないはずの先進諸国の要人たちが、陰でタックスヘイブンを使っていたのだ。

そのため、世界中で大問題となったのである。

このパナマ文書とトヨタは、今のところ関連商社である「トヨタ通商」の名前が見られるが、トヨタがどの程度、関与しているのかは現在の詳しいところはまだ判明していない。が、パナマ文書に載っていないからといって、トヨタがタックスヘイブンを利用していないということではない。

というより、トヨタはかなり露骨な方法で、タックスヘイブンを利用している。

たとえばトヨタはヨーロッパ地域の統括本部会社をベルギーに置いている。なぜベルギーに置いているのかというと、ベルギーがタックスヘイブンだからである。ベルギーは、配当所得やロイヤリティー収入などに関して、税金が非常に安い。

そのためトヨタの持っている知的財産などをベルギーの子会社に持たせ、ヨーロッパ各地での収益をそこに集中させるのである。

そしてベルギーでは、配当の支払いに対して税金は課せられない。そのためベルギー子会社に集中された利益は、あまり税金を課せられないで、日本に持ってくることができる。しかも、日本では「外国子会社受取配当の非課税制度」があるため、日本に持ってきた利益にも税金はかからない。

まさに世界をまたにかけて、税金を安く抑え込んでいるのである。

もしベルギーに重要な生産拠点などがあるならば、ベルギーに統括本部を置いていても不自然なことではない。が、トヨタはベルギーに生産工場は持っていない（フランス、イギリス、ロシアなどにはある）。

ベルギーの人口は1000万人程度であり、日本の10分の1以下である。お世辞にも大国とは言えない。自動車の販売台数もヨーロッパのなかでさえ物の数ではない。そういう小さな国に、なぜヨーロッパの統合本部を置いているのか。税金逃れの意図がないとは、絶対に言えないはずである。

また同様にトヨタはシンガポールにも、アジア、アセアン地域の統括本部を置いている。シンガポールもさまざまな税制優遇措置を持っており、タックスヘイブンとして数えられている国である。シンガポールにもトヨタの生産工場はない。にもかかわらず、統括本部だけが置かれているのである。

もちろん、こういうことをしているのは、トヨタだけではない。世界中の多国籍企業が同様のことをしている。が、それで「トヨタの罪」が許されるわけではない。日本を代表する企業として、税金をまともに払っていないということは恥ずべきことであるし、世界全体の経済を歪めているものである。

そして日本の「外国子会社受取配当の非課税制度」は、それを強く後押ししているのである。

## なぜトヨタ優遇税制がつくられたのか？

実はトヨタのための優遇税制というのは、この配当金非課税制度だけではない。

法人税制に隠された数々の特別措置には、トヨタのためにつくられたとしか思えないようなものが多々ある。

消費税もまた、実はトヨタの強い要望でつくられたものであり、トヨタは大きな恩恵を受けている。

それにしても、なぜ一企業に過ぎないトヨタのために、優遇税制が敷かれるのか？

実はトヨタは、財界で強い力を持っている。

日本経済団体連合会の会長は、財界の首相とも呼ばれ、日本経済に大きな影響力を持つ。日本経済団体連合会の会長は、2002年5月～2006年5月までトヨタの奥田碩《ひろし》氏が務めた。日本経済団体連合会の前身である旧経団連でも、1994年5月～1998年5月までトヨタの豊田章一郎氏が会長を務め、旧日本経営者団体連盟では、1999年5月～2002年5月までトヨタの奥田碩氏が会長を務めた。

現在、日本経済団体連合会の名誉会長5名のうち、2名がトヨタ（奥田碩氏、豊田章一郎氏）から出ている。

財界は、日本の経済政策や、税制に大きな発言力を持っている。だから、税制にトヨタの意向が強く反映されるのは、想像に難くない。

もうひとつは、トヨタがここまで税制上、優遇されている最大の要因は「政治献金」にあるといえる。

自民党への政治献金が多い企業団体のランキングでは、一般社団法人日本自動車工業会が1位で、4位がトヨタである。

この順位は、長らく変わらない。

日本自動車工業会が毎年6000万円~8000万円、トヨタが毎年5000万円程度、自民党に献金している。

日本自動車工業会というのは、自動車製造企業の団体であり、当然、トヨタは主宰格である。

つまり、自民党の企業献金の1位と4位がトヨタ関係なのだ。自民党にとって、トヨタは最大のスポンサーなのである。

そのトヨタに対して、有利な税制を敷くというのは、なんとわかりやすい金権政治なのだろうか?

しかも、たかだか1億数千万円程度の献金で、日本全体の税制が変えられてしまうのである。日本の政治とはなんと貧弱なものなのだろうか、と言わざるを得ない。

# 第1章

# トヨタの
# 税金の抜け穴

## トヨタは今でもまともに税金を払っていない

２０１４年3月期からようやく税金を払うようになったトヨタだが、それでも実は「まともに」税金は払っていないのである。

しかも、それは現在に至るまでである。

次ページの表1を見てほしい。

これは、トヨタの実際の税負担額と法定の実効税率を比較したものである。

法定実効税率というのは、法人税、事業税など、法人が負担するべき法定税率を合計したものである。この法定実効税率よりも、実際に負担税率が小さいということになれば、その企業はなんらかの策を施して、法定の税金よりも少なく済ませているということになる。

トヨタの場合、２０１４年3月期、２０１５年3月期は、法定税率よりも3〜4ポイントも少ない。税額にすれば10％以上、少ないことになる。

つまり、他の企業よりも10％以上も税率が安いということである。

しかも、これは前述した外国子会社からの受取配当を加味しないで計算した場合である。

外国子会社からの受取配当を加味してトヨタの税負担を計算した場合、表2のようになる。2014年3月期から2015年3月期まで法定の実効税率よりも6～7ポイントも低い。税額に換算すれば、20％以上も少ないことになる。

つまりトヨタは、税法で決められた税負担よりも20％以上も少ない税金しか払っていないということなのである。

なぜこのようなことになっているのか？

実は法人の税金には抜け穴があり、トヨタはその制度を最大限に利用しているのである。しかもその抜け穴も、トヨタのためにつくられたようなものなのである。

それを次項以下で説明したい。

**表1 トヨタの実質税負担**
**（外国子会社からの受取配当を加味しない場合）**

| | トヨタの税負担 | 法定実効税率 |
|---|---|---|
| 2015年3月期 | 30.9 | 34.62 |
| 2014年3月期 | 31.5 | 34.62 |

＊2013年3月期の法定実効税率は、トヨタの場合、前年に事業税を払っていないことが予想され、一般企業よりも高くなっている。

**表2 トヨタの実質税負担**
**（外国子会社からの受取収入を加味した場合）**

| | トヨタの税負担 | 法定実効税率 |
|---|---|---|
| 2015年3月期 | 27.9 | 34.62 |
| 2014年3月期 | 27.8 | 34.62 |

## 「研究開発減税」というトヨタ優遇制度

トヨタの実質税負担が安くなっている最大の要因は、「研究開発費の減税」である。

世間的にはあまり知られていないが、2003年に導入されたこの減税は、製造業の大企業に大きなメリットがある。

研究開発費の減税というのは、簡単に言えば、「研究開発をした企業はその費用の10％分の税金を削減しますよ」という制度である。

限度額はその会社の法人税額の20％である。

これを大まかに言えば、製造業の大企業の法人税が20％も下げられたのである。製造業の大企業のほとんどは、研究開発をしているからだ。

普通、国民の所得税が2割減税されれば、大ニュースになる。しかし、なぜかこの法人税の大減税はあまりニュースにならなかった。

世間は、税金のニュースに関しては非常にうといのである。それをいいことに、トヨタや財界は国に働きかけて、**どさくさに紛れて減税を勝ち取っていたわけ**だ。

そして、この研究開発税制でもっとも恩恵を受けたのはトヨタなのである。

**表3 トヨタの売上と純利益の推移** 単位：億円

| | 2003年3月期 | 2004年3月期 | 2005年3月期 | 2006年3月期 |
|---|---|---|---|---|
| 売上 | 160,543 | 172,948 | 185,515 | 210,370 |
| 純利益 | 9,447 | 1,1621 | 11,713 | 13,722 |
| 純利益率 | 5.9% | 6.7% | 6.3% | 6.5% |

この研究開発減税で、トヨタはどの程度の恩恵を受けているのか？

2014年3月期では、この研究開発税制によりトヨタは1201億円の減税を受けている。

この研究開発税制による日本全体の減税額は、6240億円である。つまりトヨタはこの**減税全体の20%を、一社で独占していた**のである。もちろん、この制度での減税額はトヨタが断トツの1位である。2位の企業の減税額は212億円なので、トヨタはその6倍もの減税を受けているのだ。

この割合は例年ほぼ変わらない。

つまり、研究開発減税の恩恵を独占してきたのはトヨタなのである。まさに、トヨタのためにつくられた制度だといえる。

## アベノミクスの恩恵をもっとも受けたのもトヨタ

このように、研究開発費を使ってフルに節税してきたトヨタだが、その優遇ぶりは、安倍政権になってからさらに加速している。

安倍政権は景気刺激策として、研究開発減税をさらにスケールアップしたのである。

2016年2月14日の朝日新聞に次のような記事がある。

●企業向けの特例減税、1兆2千億円　民主政権時から倍増
安倍政権で政策減税が大きく増えた

税金を特別に安くする企業向けの「政策減税」の合計額が2014年度、少なくとも約1兆2千億円にのぼることが分かった。減税額は民主党政権時から倍増し、減税の恩恵の約6割を資本金100億円超の大企業が受けていた。まず大企業を後押しして経済の好循環をめざす安倍政権の姿勢が浮き彫りになったが、その「果実」が家計に回っていないのが実情だ。

**表4　安倍政権で政策減税が大きく増えた**

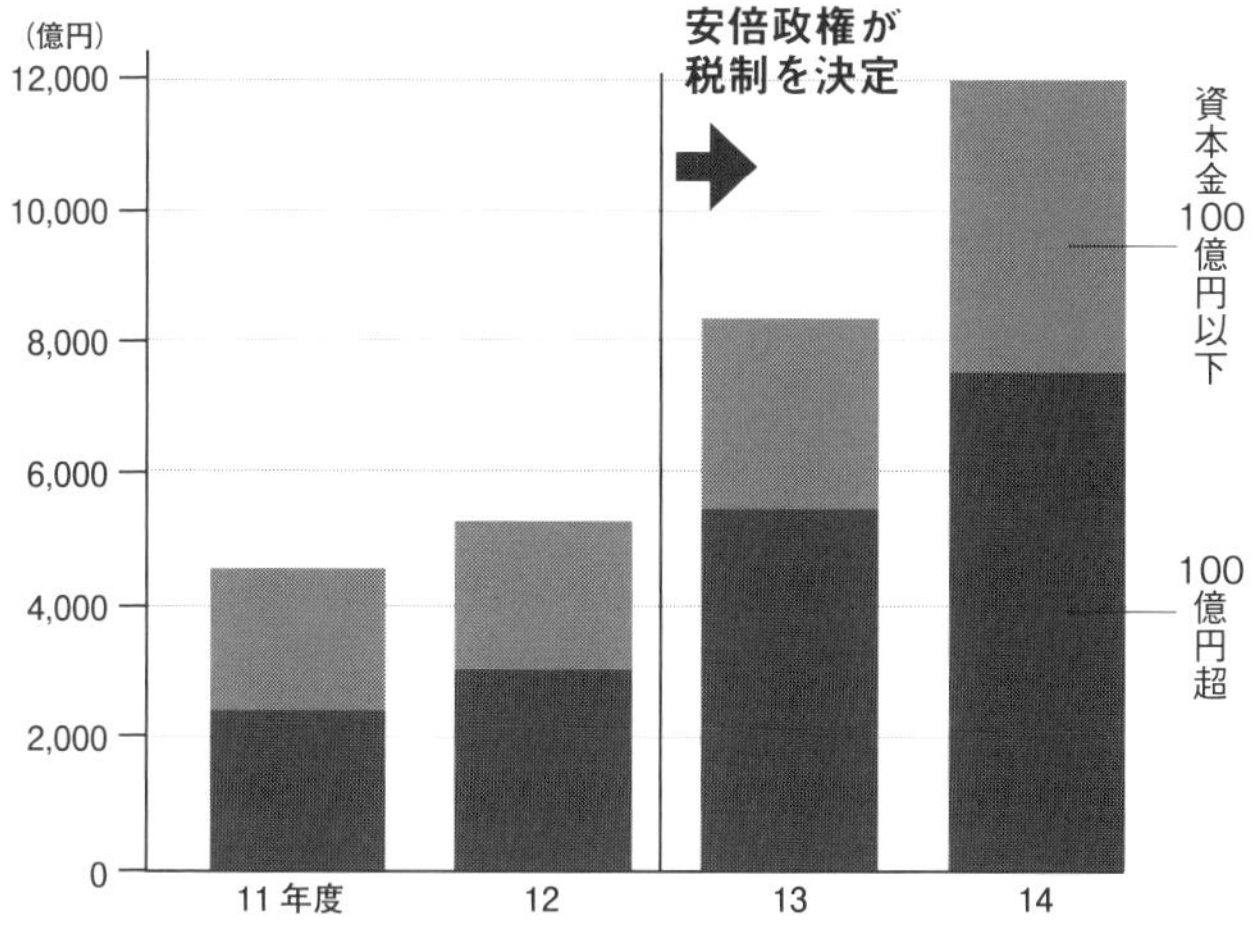


政策減税の利用状況について、財務省が11年度分から公表している調査報告書をもとに朝日新聞が分析した。国税の減収額が明らかな項目を合計すると1兆1954億円で、11年度以降初めて1兆円台になった。消費税なら約0・4％分の税収に相当する。民主党政権が税制改正を決めた12年度（5244億円）に比べ2・3倍に増えた。

減税額が最も大きいのが、企業の研究開発投資に応じて税金を控除（安く）する「研究開発減税」だ。14年度は6746億円で、12年度（3952億円）からほぼ倍増した。第2次安倍政権の発足直後に決めた13年度税制改正で、控除の上限を大幅に引き上げたことで減税額も膨らんだ。

研究開発減税の恩恵は大企業に集中する。

企業数では全体の0・1％にも満たない資本金100億円超の企業への減税額が5423億円と全体の8割を占める。政策減税全体でも資本金100億円超の企業への減税額が7365億円と12年度の2・5倍に増え、全体の62％を占めた。12年度の56％より高まった。

財務省の報告書で、減税対象の企業名は非公表だ。朝日新聞が大手企業の有価証券報告書などと突き合わせて分析したところ、研究開発減税の適用が多い上位5社は、トヨタ自動車（減税額1083億円）、日産自動車（213億円）、ホンダ（210億円）、JR東海（192億円）、キヤノン（157億円）とみられることが分かった。

安倍政権は設備投資や賃上げに応じた減税も新設しており、3千億円超の減税になった。うち資本金100億円超の企業への減税額が5割を超えた。（牧内昇平）

（朝日新聞　2016年2月14日）

この記事でわかるように、安倍政権は研究開発費減税を大幅に拡充した。その恩恵のほとんどは、0・1％の巨大企業が受けているのだ。

そして、その最大の受恵者がトヨタというわけである。アベノミクスの恩恵をもっとも受けたのも、トヨタだといえるのである。

## 研究開発減税の経済効果はゼロ

研究開発減税を行えば、企業は研究開発のために積極的に投資を行う。それは日本経済の将来のためには、いいことなのではないか？　と思う人も多いだろう。

この研究開発減税については、

「研究開発をする企業を優遇するのは、日本の産業力の将来にとって必要なこと」

と主張する経済学者なども多い。

もちろん確かに、企業にとって「研究開発」は必要な支出だ。だが、企業にとって大事な支出は他にもたくさんある。それらをいちいち減税していたら、税金自体を課すことができなくなる。

また今の日本の経済にとっては、研究開発よりも雇用のほうが大事なはずだ。だから、研究開発を増やすことよりも、まずは雇用を安定させ、雇用を増やす方向の減税をするべきだ。

にもかかわらず、昨今の日本では「退職給与引当金」に新たに課税をするなど、雇用に対しては増税を行っている。

「退職給与引当金」というのは、企業が将来、生じる退職金の支払いのために、積み立てておくお金のことである。従来、この「退職給与引当金」は非課税とされていた。将来、支払わなくてはならないお金なので、非課税になるのは当然といえば当然である。ところが、２００３年から課税されることになってしまったのだ。

そうなると、企業は退職給与のための積み立てをしにくくなる。特に経営体力のない会社は退職金を減らしたり、廃止したり、退職金が生じる正社員の雇用自体を減らすような方向に動いた。

そして、この直後に「研究開発費の減税」が行われたのである。

やっていることがまったく逆だろう、と言いたい。

この「研究開発費の減税」で恩恵を受けるのは、「製造業」をしている「大企業」に絞られる。製造業以外の企業は、なかなか研究開発などをすることはない。製造業であっても中小企業では、研究開発にお金を投じる余裕がないからである。

実際、前述したように、日本全体の減税額の20％はトヨタ一社で受けているのだ。

また研究開発減税を施すことによって、日本企業が研究開発を積極的に行うようになるのであれば、まだ救いようがある。

しかし実態は、決してそうではない。

研究開発減税は研究開発を促進させる効果はほとんどなく、これまでと同程度の研究開発費にもかかわらず、税金だけが安くなっている。**これが研究開発減税の実態**だ。

詳しくは後述するが、トヨタの国内での投資や製造費用は減ってきている。つまり、研究開発費が増えた形跡はまったくない。にもかかわらず、税金だけが減額されている状態なのである。

それは、研究開発減税を使っている企業全体にも言えることなのである。

研究開発減税を行って、企業の研究開発費が増えたのならば、それなりの価値があるといえる。しかし、それはまったくないのだから、単に大企業向けの減税をしただけということなのである。

## 税の抜け穴を駆使する巨大企業たち

このようにトヨタは、税の抜け穴を使って税金を安く済ませているわけだが、もちろん、これはトヨタだけではない。

トヨタのようなリーディングカンパニーがやっていることは、他の企業も当然、真似をする。その結果、日本企業の税体系が、非常にいびつなものになっている。

**表5　資本金の大きさによる法人税負担率（2012年）**

| 資本金 | 法人税負担率 |
|---|---|
| 100万円以下 | 22.6% |
| 100万円超～200万円以下 | 22.3% |
| 200万円超～500万円以下 | 22.4% |
| 500万円超～1000万円以下 | 24.8% |
| 1000万円超～2000万円以下 | 25.3% |
| 2000万円超～5000万円以下 | 26.3% |
| 5000万円超～1億円以下 | 26.4% |
| 1億円超～5億円以下 | 27.0% |
| 5億円超～10億円以下 | 26.6% |
| 10億円超～50億円以下 | 24.8% |
| 50億円超～100億円以下 | 23.1% |
| 100億円超 | 19.6% |
| 連結法人 | 13.3% |

＊国税庁資料より税理士の菅隆徳氏が抽出したもの

**表6　税負担率が低い主な企業（トヨタ以外）**

| | 純利益 | 法人税額 | 実質負担率 |
|---|---|---|---|
| 日産自動車 | 5294億円 | 1151億円 | 21.7% |
| キヤノン | 3476億円 | 1080億円 | 31.1% |
| コマツ | 2421億円 | 759億円 | 31.4% |
| 武田薬品 | 1589億円 | 493億円 | 31.0% |
| 三井物産 | 5505億円 | 1767億円 | 32.1% |
| 三菱商事 | 5319億円 | 1456億円 | 27.4% |

＊2014年決算書より

資本金の大きい企業（つまり大企業）ほど、税負担率は少なくなっているのである。

右の表5は、税理士の菅隆徳氏が、国税庁のデータをもとに資本金別による企業の税負担率を算出したものである。これによれば、資本金1億円～5億円をピークにして、それ以上の資本金を持つ企業の税負担は少なくなっている。

そして表6を見てほしい。

この表6に挙げたのは、税負担率の低い大企業の主なものである。もちろん、これ以外にも税負担の低い大企業は多数ある。

これらの税負担の低い企業の多くは、トヨタと同様の節税スキームを使っていることが考えられる。

「海外子会社からの受取配当」と「研究開発費」である。

**この節税スキームによって、製造業、商社などの大企業の税金が大幅に安くなっている**ということなのである。

## エコカー補助金でトヨタは4000億円の得をした

トヨタの優遇制度は、減税ばかりではない。

補助金に関しても、トヨタは大きな恩恵を受けている。

その最たるものが**「エコカー補助金」**である。

リーマンショックの翌年の2009年からエコカー補助金なるものが設けられたことをご記憶の方も多いだろう。

これは、車齢13年以上の車を廃車にして一定の基準を満たすエコカーを購入した場合、普通乗用車で25万円、軽自動車でも半額の12万5000円が補助金として交付されるという制度だった。

この制度の肝は、**「買い替え」**だった。

車齢13年以上の車を廃車にしないと、この補助金の対象にはならない。だから「長年、車を買いかえていない人」が対象だったのだ。

つまり、いつも車を買ってくれる層ではなく、なかなか車を買いかえてくれない層を狙ったモノである。もちろん、自動車メーカーにとっては一番都合がいい。いつも車を買ってくれる層は、何をしなくても買ってくれるからだ。

このエコカー補助金は、排ガスの低減レベルは問われず、乗用車なら条件は平成22年度燃費基準の達成だけだった。

そのため当時の人気車種トヨタのプリウスなどに、補助金対象が集中することになった。

当初は、2009年4月から2010年3月31日の間で、予算3700億円が消化されるまでという予定だった。だが、反響の大きさから補助金は6300億円に増額され、期間も2010年9月末まで延長された。

このエコカー補助金でもっとも潤ったのは、トヨタである。エコカー対象車の中心は、プリウスだったからだ。

また、2012年4月からは新エコカー補助金が実施された。

これは一定の環境基準を満たす新車を購入した場合、普通車で10万円、軽自動車で7万円の補助金がもらえるという制度である。予算は3000億円が投じられ、この予算が消化した時点で終了ということだった。

つまり、このエコカー補助金のため、国は計9300億円を支出したのである。

当時、まったく法人税を払っていなかったトヨタを中心とした自動車業界のためにである。

トヨタの国内販売のシェアは40～50%なので、9300億円の補助金の4～5割がトヨタの販促のために使われたということになる。つまり4000億円前後の税金が、わずか2年の間にトヨタのために使われたのである。

しかも、あろうことか、**トヨタはこの補助金が終了すると、期間工を1万1000人も解雇**してしまった。この補助金は、雇用の増加などには何もつながっていないのである。

## 待機児童予算の2倍以上だったエコカー補助金!

筆者はエコカーが普及することに、異論はない。

環境に優しい車が増えるほうが、社会にとって好ましいのは間違いない。

だが、なぜ、この時期、このような巨額の補助金を自動車のために支出するのか、ということには、大きな疑問を持たざるを得ない。

リーマンショックで、ダメージを受けたトヨタを助けるのが要因の一つだったことは間違いない。

それと同時に、政治家や経済官僚たちが本気で「景気対策になる」と思い込んで実施されたものでもあるのだ。

しかし、エコカーを買えるのは、そこそこ金を持っている層である。彼らを優遇しても景気対策にはならない。なぜなら金を持っている層を優遇しても、余ったお金が消費に回ることは少ないからだ。彼らは、元からそこそこお金を持っているので、さらにお金が余ったところで、すぐさまそれで何かを買うことはない。

景気対策をするというのであれば、まず低所得者層を狙わなければならなかったのだ。彼らは、もともと金をもっていないのだから、彼らにお金を回せば、それはすぐさま消費に回るからである。消費性向の高い層を優遇することが、現実的にもっとも効果のある景気対策なのである。

また現在の日本には、対策を急がねばならない事項が目白押しなのである。

たとえば、待機児童問題。

近年の日本では少子化で子供が減っているにもかかわらず、保育施設の数が圧倒的に足りていないことは、ご存知の通りである。

エコカー補助金が行われていた2009年当時、待機児童関連に使われていた予算は4000億円程度である。エコカー補助金は、その2倍以上にもなる9300億円が使われたのである。

予算の使い方が絶対に間違っているだろう、という話である。

また日本は低所得者層への手当が遅れている。

たとえば、日本は貧困層に対する住宅政策が非常に遅れているのだ。日本の住宅政策に対する財政支出は、アメリカ、イギリス、フランス、ドイツなどの数分の一なのである（詳細は後述）。

もし、エコカー補助金を貧困層の住居対策に充てていたら、その後の日本にどれだけ寄与したことか。1兆円もの予算があれば、うまく国有地を生かせば全国で20万〜30万戸の住居を確保することができるだろう。1戸あたり平均して3人が住むとして、30万〜90万人の貧困層の住居が確保できるのだ。これだけで、将来の社会保障費は大幅に削減できたはずだ。

またワーキング・プアのために結婚や出産をためらっている若いカップルなどを優先的に入居させれば、少子化対策にもなったはずだ。

トヨタに踊らされ、エコカー補助金に1兆円も使った政治家たちは、愚かの極致というほかない。

## 「日本の法人税は世界的に高い」という大嘘

トヨタがあの手この手で税金を安くしてきたことをご紹介してきたが、そもそも日本の企業の税金というのは、そんなに高いものなのだろうか？

「日本の法人税は先進国に比べて高い」

というのは、よく言われることである。

本当に、日本の法人税は高いのか？

「日本の法人税は世界的に高い」

多くの国民はそう思っているし、経済誌や経済評論家、経済学者なども、よくこういうことを言う。

たとえば、東京大学大学院経済学研究科教授の伊藤元重氏は、ビジネス誌『ダイヤモンド』の2013年8月26日のオンライン記事で、「日本ではなかなか消費税率を上げられることができなかった一方で、法人税率は世界有数の高さのままなのである」と述べている。つまり同氏は、「日本の法人税は世界的に高いから下げるべき」と言っているわけだ。

しかし、**実は「日本の法人税が世界一高い」というのは大きな誤解**なのである。

日本の法人税は、確かに名目上は非常に高い。しかし前述の研究開発減税などのように、法人税にはさまざまな抜け穴があり、実際の税負担はまったく大したことがないのである。

現在、名目上の法人税率は23・4％（国税のみ）だが、**事実上は18％程度**しかないのである。

18％の法人税というのは、世界的に見てまったく高くはない。先進国としては普通か少し低いくらいである。

この18％という数字を見れば、誰も「日本の法人税が世界有数の高さ」などとは言えないはずである。

そして、日本の法人税にはさまざまな抜け穴があり、実質的にはかなり低いということは、税金を少しかじっているものならば、みんな知っていることである。

東京大学大学院の伊藤元重教授は、この研究開発費減税のことをご存知ないのだろうか？

もしこんなこともご存知ないのであれば、経済を語る資格などまったくないと筆者は思う。

## 先進諸国の中では日本企業の社会保険料負担はかなり低い

しかも日本の企業は先進国に比べて、社会保険料の負担率が非常に低い。企業の税負担というのは、税額そのものだけを見ても意味がない。

社会保険の負担も、税的な役割を持つものであり、税と社会保険料、両方の負担を考えないと、真の意味での「企業の負担」は測れないのである。

そして税と社会保険料の合算を考えた場合、日本の企業の負担は決して大きくはないのだ。

次のページの表7のように、税と社会保険料を合わせた負担割合は、フランス、イタリア、ドイツよりもかなり低いのだ。

またこの表はいささか古いものであり、この当時より法人税は下げられているので、日本企業の負担率はさらに下がっているのだ。

つまり総合的に考えた場合、日本企業の社会的負担は先進国のなかでは低いほうであり、本来はもっと負担しなければならないということである。

**表7　企業の税、社会保険料負担の国際比較（対GDP比）**

| 国名 | 税 | 社会保険料 | 計 | 年 |
|---|---|---|---|---|
| フランス | 2.6 | 11.4 | 14.0 | 2003 |
| イタリア | 2.8 | 8.9 | 11.7 | 2003 |
| ドイツ | 1.8 | 7.3 | 9.1 | 2000 |
| 日本 | 3.1 | 4.5 | 7.6 | 2002 |
| イギリス | 2.8 | 3.5 | 6.3 | 2003 |
| アメリカ | 2.0 | 3.4 | 5.4 | 2003 |

＊出典・経済社会の持続発展のための企業税制改革に関する研究会（経済産業省）より

## 法人税率は30年前の約半分

このように決して高くはない日本の法人税だが、近年、財界の強い要請で下げられてきた。

もちろん、財界の中心にはトヨタがいる。トヨタの強い要望で法人税は下げられたともいえる。

法人税率は、1984年には43・3%だったものが、2016年には23・4%になる。約半減である。

この30年間、国民は消費税の創設や増税、社会保険料の値上げなどの負担増に苦しんできた。その一方で、法人の税金は急激に下げられてきたのだ。

法人税がなぜ下げられてきたのか、というと、最大の理由は景気のためである。財界は景気をよくするためと称して、法人税の減税を要求してきたのだ。

しかし、法人税を下げれば景気がよくなるというのは、実はまったく根拠がないのだ。**法人税を上げても景気にはほとんど影響はない**。それは理論的にも言えるし、データとしても明確に表れていることである。

そもそも法人税というのは、企業の〝利益〟に対してかかるものである。つまり法人税とは企業が事業を行い、儲かったあかつきにその利益の何割かを徴収する、ということなのである。

ということは、実際の企業活動にはまったく影響はないのだ。たとえば、法人税が高いから商品の値段が上がったり、企業の収益が下がったりすることは、理論的にあり得ないのだ。法人税の増税というのは、株主の取り分が減るだけであり、従業員や社会に対する影響はまったくないのである。

実際に、日本で法人税が最高に高かった時期というのは、日本経済が一番元気があった時期なのである。法人税が史上

**表8　法人税率の推移**

| | |
|---|---|
| 1984年 | 43.3% |
| 1987年 | 42.0% |
| 1989年 | 40.0% |
| 1990年 | 37.5% |
| 1998年 | 34.5% |
| 1999年 | 30.0% |
| 2012年 | 25.5% |
| 2015年 | 23.9% |
| 2016年 | 23.4% |
| 2018年 | 23.2% |

もっとも高かったのは、1984年から1987年の43・3％である。日本経済がこの時期に最高潮を迎えていたことは、だれもが知るところである。また企業の株価もこの時期は非常に高かった。

**法人税を下げるとともに、日本経済は長い低迷期に入った**のである。

## 「国際競争力のために法人税の減税が必要」という嘘

また財界は「国際競争力を確保するため」に法人税を下げろ、とも言ってきた。

しかし、これも詭弁である。

法人税を減税すれば、国際競争力が増すなどというのは、まったく根拠がないのだ。

というのも、法人税（住民税も含む）は企業の支出のなかでわずか1％にも満たないのである。だから法人税を10％下げたとしても、企業活動のなかではほとんど影響がない。

法人税を10％下げたからといって、日本製品の価格に反映されるのは、わずか0・1％なのである。千円のものが999円になるだけだ。それで国際競争力が増すなんて、あり得ない。

財界は、「法人税を下げないと、企業はみな外国に行ってしまう」などと脅す。しかし、これもまったくの嘘である。

わずか0・1%の経費削減のために、わざわざ外国に行く企業などないのだ。外国に拠点を移すということは、それなりにリスクを伴うものである。経費が0・1%削減できるくらいでは、とても元が取れるものではない。

今、日本の企業が東南アジアなどに進出しているのは、人件費が安いからである。人件費は、企業の経費のなかで大きな部分を占めている。経費の半分以上が人件費という企業も多々ある。そういう企業にとって安い外国の人件費が魅力なので、海外に拠点を移すのである。

「税金が安いから中国に工場を移した」

などという企業は、聞いたことがないはずだ。

法人税が高いからといって日本の企業の本社が外国に移ることは、まずない（投資目的など、よほど特殊な企業じゃなければ）。日本の企業のほとんどは日本に基盤があり、日本の文化を持っている。日本の企業文化には独特のものがあり、外国に出て行って、そうやれるものではない。わずかな経費削減のために、外国に拠点を移すことなどあり得ないと言っていいだろう。

にもかかわらず、**財界は「海外に出るぞ」と脅しをかけ、法人税を下げさせてきた**のだ。

## 法人税が安くなれば景気は悪くなる

何度か触れたように、トヨタをはじめとする財界の圧力で、昨今、法人関係の税金は大幅に下げられてきた。

つい2014年も、法人税と所得税に上乗せされていた復興特別税は、法人税分だけ先に廃止されてしまった。

そして2015年に、さらなる法人税の減税を行った。

なぜこのように法人税ばかりが減税されるかというと、もちろん政治献金という大きな理由もあるが、**政治家が「法人税減税は景気対策になる」と思い込んでいる**からでもある。

法人税が減税されれば、景気がよくなるんじゃないかと思っている一般の人も多いはずだ。サラリーマンなどは、会社の税金が安くなれば、自分たちにも恩恵があるように思ってしまうかもしれない。つまり、サラリーマンの給料も上がるのではないか、と。

しかし、それは、まったく逆である。

というのも、企業の経済活動において、「法人税の減税は賃下げの圧力を生む」のである。それは理屈でもそうなるし、実際のデータでもそうなっていることである。

なぜなら法人税が減税されれば、会社は経費率を下げる努力をするからである。

法人税というのは、企業の利益に対してかかってくるものだ。

企業の利益とは、サラリーマンのものではなく株主のものである。だから、法人税が下がって、その分の利益が増えれば、それは株主に回されるのだ。

またもし法人税が減税されれば、会社は株主のためになるべく多くの利益を残そうとする。

利益というのは、売上から経費を差し引いたものである。利益を多く残そうとするならば、売上を上げるか、経費を下げるかしかない。必然的に会社は売上を増加させ、経費を削減させる方向に動くのだ。

そして経費を削減させると、サラリーマンの給料カットということにつながるのだ。

実際にこの20年の日本経済を見れば、それはよくわかるはずだ。

この20年の間、法人税は10%以上も下げられた。

また先に紹介した研究開発減税も行われた。そしてこの20年の間には、戦後最長と言われる長い好景気の時代もあったのである。

にもかかわらず、この20年間、サラリーマンの給料はほぼ一貫して下げられてきた。そしてサラリーマンの給料は、20年前より10%以上も下がっているのだ。アベノミクスで若干、給料は上がったが、今まで下がった分に比べれば微々たるものである。また消費税の増税分にも遠く及ばない。

サラリーマンの給料が下がれば、必然的に消費は落ち込み、景気は悪くなる。

バブル崩壊後の日本は、ずっとこの悪循環を繰り返してきたのだ。そして、その中心にトヨタがいたのだ。

## 法人税を下げれば、株主が儲かるだけ

法人税を下げれば、だれが得をするのか？

何度も言うが、法人税というのは企業の「利益」に対してかかってくる税金である。法人税が減税されるということは、会社に利益がよりたくさん残るということである。

では、企業に残った利益を手にする人とはだれか？

それは株主である。

会社の利益は、原則として法人税を差し引いた残りは株主のものになる。

つまり**法人税を減税して、もっとも得をするのは、株主**なのである。つまり国は投資家のご機嫌を取るために、法人税を下げていたのだ。

### 法人税が下がれば株主が儲かる仕組み

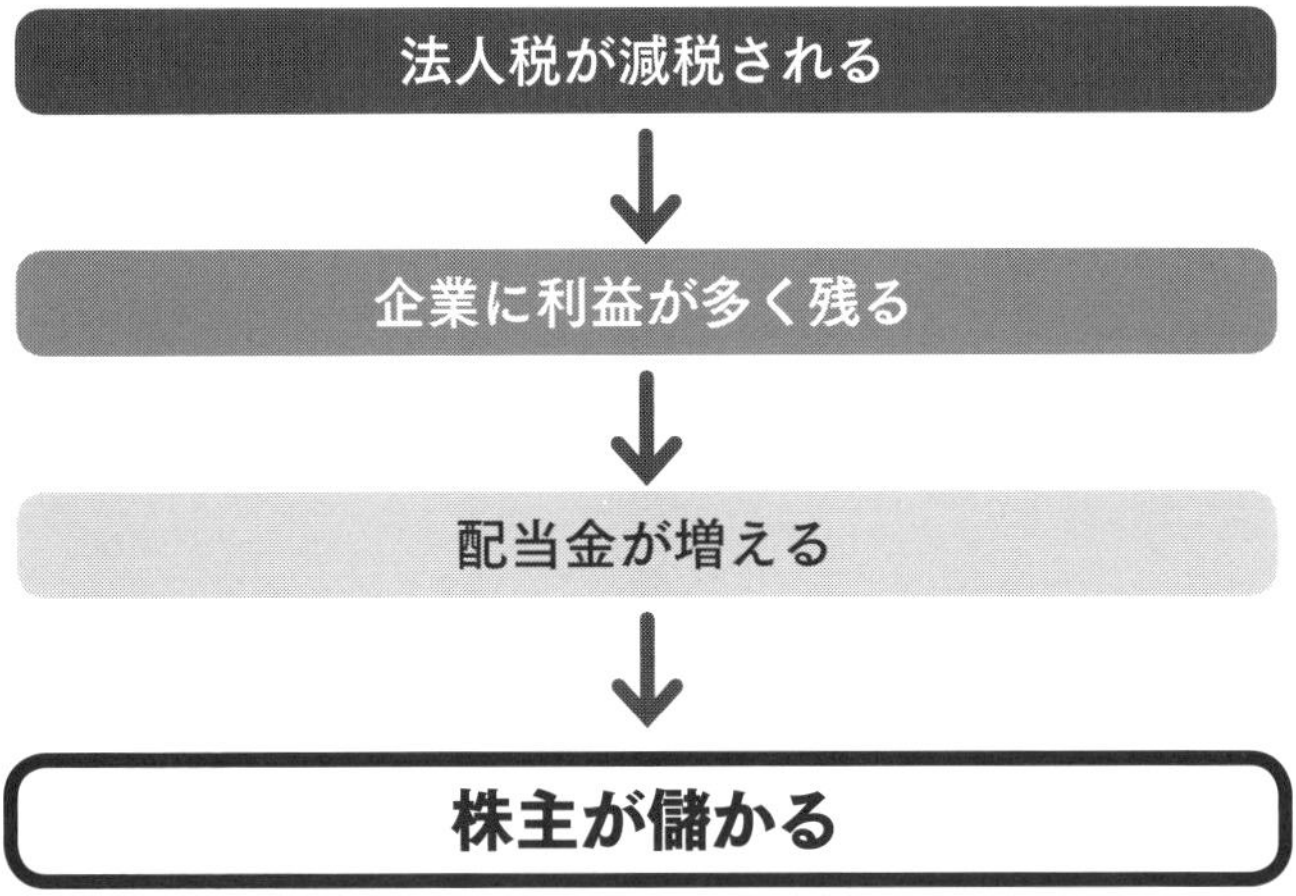


「株主優遇政策」が行われていたわけである。

そして、トヨタをはじめとした財界が法人税減税を要求していた最大の理由もここにある。トヨタ社長の豊田章男氏をはじめ、財界人というのは、ほとんどが大株主を兼ねている。法人税が下がれば、彼らが一番儲かるわけである。

が、前述したように、法人税が下がれば、賃金には下げ圧力が加わる。実際に、法人税が下げられている間、賃金は下がりっぱなしだった。

**これで格差社会にならないほうがおかしい。**

企業の利益というのは、その企業だけのものではない。日本人が真面目に働き、日本社会が安定的に機能してきたその結果、得られたものだ。いわば日本経済の果実といえるだろう。「法人税を減税する」ということは、その果実を株主だけに渡すことになるのだ。

# 第2章

# トヨタが日本の雇用ルールを壊した

## トヨタが日本の雇用をメチャクチャにした

トヨタには、税金の他にもう一つ日本経済に対する大罪がある。

それは**「雇用」**である。

トヨタはバブル崩壊以降、日本の雇用を壊してしまったといっていい。

そして、そのトヨタの雇用政策のために日本経済がデフレに陥り、格差社会を引き起こし、ひいては少子高齢化を加速させたのである。

こういうと、なんでもかんでもすべてトヨタのせいにしている乱暴な主張のように思えるかもしれない。

しかし、これは決して大げさな言い方ではない。

トヨタの雇用政策と日本経済の関係を丹念に見ていくと、誰もが筆者の主張に納得するはずである。

たとえば1995年、経団連は「新時代の〝日本的経営〟」として、「不景気を乗り切るために雇用の流動化」を提唱した。

「雇用の流動化」というと聞こえはいいが、要は「いつでも正社員の首を切れて、賃金も安い非正規社員を増やせるような雇用ルールにして、人件費を抑制させてくれ」ということである。このときの経団連の会長は、トヨタの豊田章一郎氏なのである。

そして雇用の流動化をもっとも求めていたのも、製造業界でありトヨタだったのである。

これに対し政府は、財界の動きを抑えるどころか逆に後押しをした。

1999年には、労働者派遣法（以下派遣法）を改正した。それまで26業種に限定されていた派遣労働可能業種を、一部の業種を除外して全面解禁したのだ。

2004年には、さらに派遣法を改正し、1999年改正では除外となっていた製造業も解禁された。これで、ほとんどの産業で派遣労働が可能になった。

派遣法の改正が非正規雇用を増やしたことは、データにもはっきりでている。

90年代半ばまでは20％程度だった非正規雇用の割合が98年から急激に上昇し、現在では35％を超えている。そして非正規雇用の増加は、格差社会と少子高齢化の大きな要因となっているのだ（詳細は後述）。

そして、この派遣法の改正をフルに利用していたのもトヨタなのである。

またトヨタはバブル崩壊以降、従業員の賃金を低水準に抑え込んできた。

バブル崩壊以降、トヨタは何度も史上最高収益を更新してきたにもかかわらずである。

そしてこのトヨタの賃金政策は日本中の企業に波及し、日本の勤労者の賃金が下がり続けるという現象を引き起こしたのだ。それは、デフレにもつながっている（これも詳細は後述）。

本章では、トヨタの「雇用政策」がいかに日本経済に悪影響を与えたかについて検証していきたい。

## トヨタは儲かっているのに賃金を渋り続けた

トヨタの雇用におけるまず第一の罪は、**「賃金を低水準に抑え込んできたこと」**である。

次ページの表は、２００２年から現在までのトヨタのベースアップの推移である。トヨタは、この14年間のうち、ベースアップしたのは、わずか6年だけである。

特に２００３年から２００５年までの3年間、ベースアップをまったくしなかった罪は大きい。トヨタは２００４年に過去最高収益を上げている。にもかかわらずベースアップがなかったのである。

また２０１５年は円安などによる好業績のため、史上最高額のベースアップをしたとして話題になった。しかし４０００円という額は、賃金の１・１％程度に過ぎない。消費税アップ分には、ほど遠い額だ。つまり従業員側から見れば、実質的には減収となっているのだ。

ところで、左の表の「株主の配当金総額」の欄を見てほしい。

トヨタはこの十数年間、毎年、1000億円から6000億円もの配当を支払っている。ベースアップがなかった年でさえ、約3000億円の配当金を支払っているのだ。

**表9　トヨタのベースアップ額と株主配当の推移**

| | ベースアップ額 | 株主への配当総額 |
|---|---|---|
| 平成14（2002）年 | 1000円 | 1015億円 |
| 平成15（2003）年 | 0円 | 1258億円 |
| 平成16（2004）年 | 0円 | 1512億円 |
| 平成17（2005）年 | 0円 | 2128億円 |
| 平成18（2006）年 | 1000円 | 2921億円 |
| 平成19（2007）年 | 1000円 | 3847億円 |
| 平成20（2008）年 | 1000円 | 4432億円 |
| 平成21（2009）年 | 0円 | 3136億円 |
| 平成22（2010）年 | 0円 | 1411億円 |
| 平成23（2011）年 | 0円 | 1568億円 |
| 平成24（2012）年 | 0円 | 1577億円 |
| 平成25（2013）年 | 0円 | 2850億円 |
| 平成26（2014）年 | 2700円 | 5230億円 |
| 平成27（2015）年 | 4000円 | 6131億円 |

7万人の従業員に対して、1000円のベースアップするためには、わずか8億円ちょっとの支出でいい。つまりトヨタは、8億円の支出さえ渋ってきたのだ。

従業員に1万円のベースアップをしても、80億円ちょっとで済む。毎年、数千億円の配当を支払ってきた企業体力からすれば、毎年80億円の支出などわけはないはずだ。

株主に対しては、毎年、毎年、数千億円の配当金を支払っているにもかかわらず、従業員の賃金に対しては、数億円の支出さえ渋る。

**どれだけケチな会社か**、ということである。

近年のトヨタは株主だけを大事にし、従業員を大事にしてこなかった。

そして、この従業員に対しての渋さが回り回ってトヨタ自身の首を絞めることになるのだ。

## そして日本中の企業が人件費を削減した

トヨタが賃金を抑制するようになったことは、日本経済に大きな影響を与えた。

ご存知のようにトヨタは日本最大の企業である。

トヨタの賃金政策は、そのまま全国の日本企業に波及する。

「トヨタがベースアップしないなら、うちもベースアップしなくていい」

ということになる。

特に史上最高収益を計上した2004年前後でさえ、ベースアップをしなかったという

## 表10　サラリーマンの平均給与の推移

単位：千円

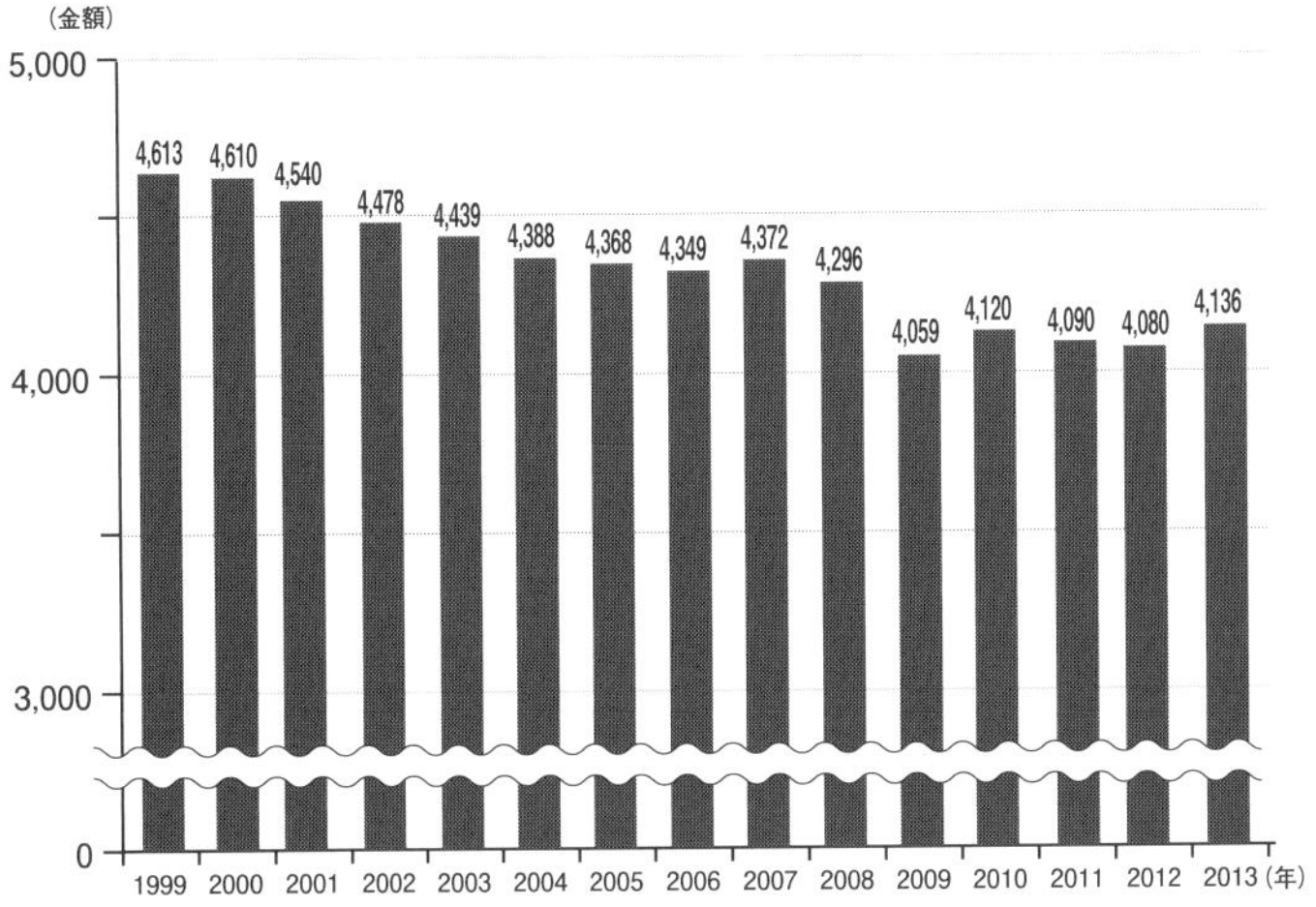


＊国税庁・民間給与実態統計調査より

ことは、労働界に大きな衝撃を与えた。

トヨタのような好業績の企業でさえベースアップしなかったということで、業績がそれほどよくない企業はまったくベースアップをしなかった。しかも業績が悪い企業は、大手を振って賃金を下げることになる。

その結果、日本経済はどうなったのか？

賃金が下がりっぱなしとなったのだ。

表10は、国税庁の民間給与実態統計調査のデータである。

この表を見ればわかるとおり、この十数年間、サラリーマンの平均年収は見事なほど下がり続けている。この1、2年はアベノミクス等で若干、持ち直してはいるが、これまで下がった分にはほど遠い。

そして賃金が下がり続けたことによって、

日本社会にはさまざまな弊害が起きることになったのだ。

詳細は後述するが、デフレ、少子高齢化問題などの最大の要因は雇用問題、賃金問題だといえる。

## 低所得者を拡大させたトヨタの雇用政策

そして日本の賃金事情は、さらに深刻な事態を招いている。

トヨタという日本で頂点に位置する企業の賃金がほとんど上がらないとなれば、業績のよくない企業はどんどん給料を下げていく。

そのためこの十数年の間に、低収入のサラリーマンが激増しているのである。

年収200万円以下のサラリーマンの数は、以下のようになっている。

平成11年度（1999）　**803万7000人**
平成26年度（2014）　**1139万2000人**　（国税庁・民間給与実態調査より）

このように平成11年と平成26年を比較すると4割も増加している。

実に、サラリーマンの4人に1人が年収200万円以下なのである。

この年収200万円以下のサラリーマンというのは、フリーターや短期従業員などは含まれていない。あくまで、年間を通して働いたサラリーマンの年収である。だから実際の年収200万円以下の人たちというのは、この数倍に及ぶと思われる。

「年収200万円を切る」

ということは、都会ではまともに生活できるものではない。

ましてや結婚をしたり、子供を養っていくのは無理な話である。

少子高齢化がこれほど深刻な問題になっているのに、年収200万円以下の人をこれだけ放置している。日本の政治の貧困が思い知らされる。

また年収100万円以下のサラリーマンも激増している。これらの最下層にいる人たちが持ちこたえられなくなって、生活保護が激増し、ワーキング・プア、ホームレス、ネットカフェ難民の問題を生じさせているのだ。

この十数年のうち、日本には「いざなみ景気」と呼ばれる好景気の時期もあった。また、この期間、GDPはずっと微増している。

にもかかわらず、これだけ低所得者が増加しているのだ。

そして、これも頂点の企業であるトヨタの雇用政策の影響がないはずはないのだ。

## 労働者派遣法の改正で恩恵を受けたのはトヨタ

前述したように、２００４年に労働者派遣法の改正が行われた。

この改正により製造業でも派遣社員が解禁になった。**この改正でもっとも恩恵を受けたのが、トヨタだ**といえるのだ。

トヨタは以前から正社員ではなく「期間工」という形で、非正社員を製造工場に従事させる方法を採ってきた。

この期間工は、**トヨタの利益調整弁となってきた**のだ。

景気がいいときには期間工の人数を増やし、景気が悪くなると期間工を首にする、というわけである。

表のように、90年代から現在にかけてトヨタの期間工の人数は、最大1万人から最小ゼロと大きく変動している。つまり忙しいときは1万人を使い、暇になったら1万人の首を切るということで、利益の調整をしてきたのだ。

トヨタがこれまで出してきた収益や積み上げてきた内部留保金というのは、**この1万人の犠牲の上に成り立っていた**のである。

## 表11 トヨタの期間工の推移

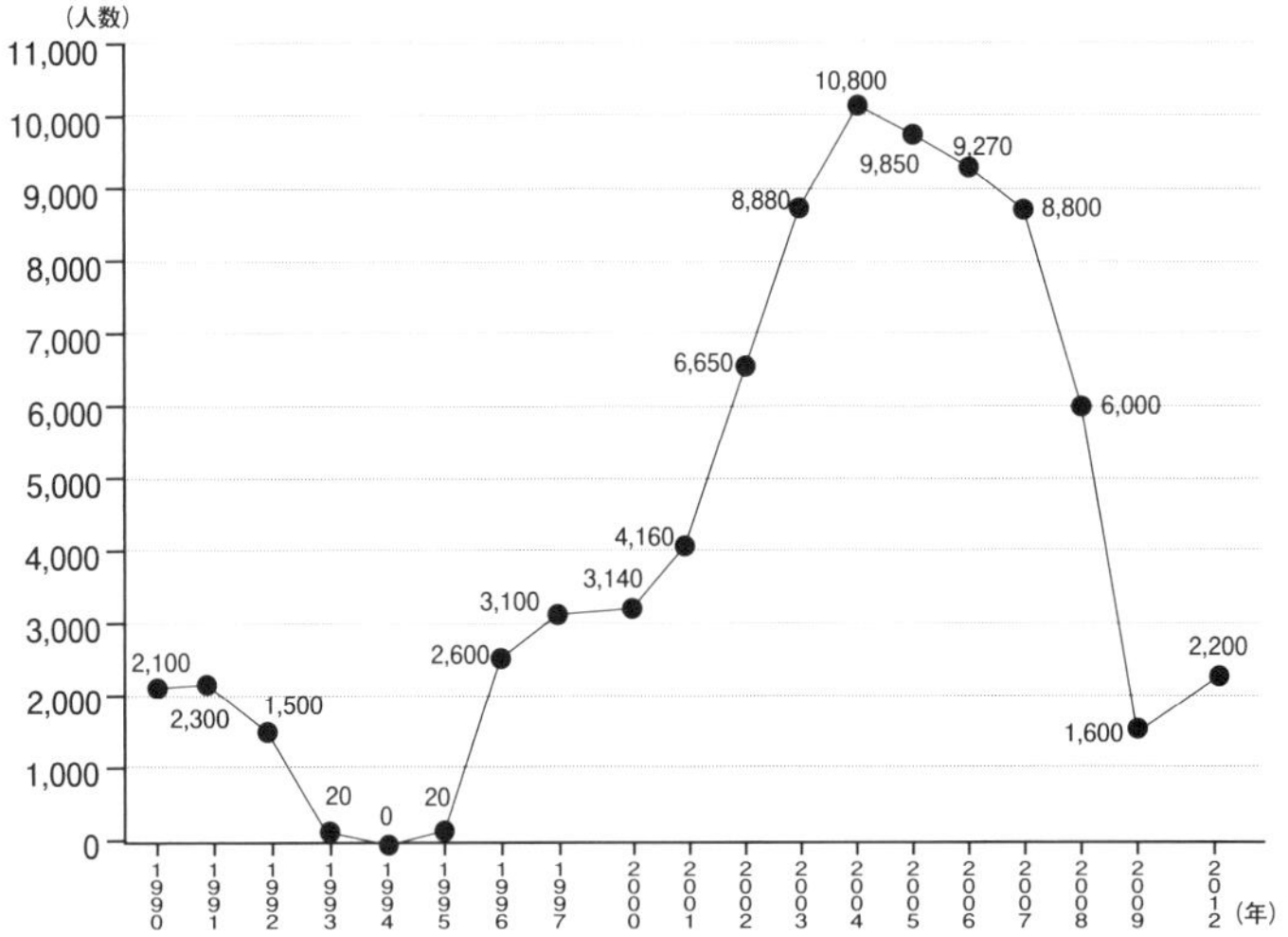


＊しんぶん赤旗等の資料による

そしてさらに２００４年に労働者派遣法が改正されたのだ。

この労働者派遣法の改正は、財界が強く働きかけたものである。

財界は、以前から「雇用の流動化」を強く求めてきた。

「雇用の流動化」と言うと聞こえはいいが、要は「忙しいときには雇用し、暇になったら首にする」ということである。それを簡単にできるようにしてくれ、と強く働きかけてきたのだ。

製造業での労働者の派遣がこれまで禁止されてきたのはなぜか？

製造業では危険な作業が多く、労働災害が起こりやすい。そのため労働災害時などの責任を明らかにするためにも、企業が直接雇用することを義務付けていたのだ。

また製造業では繁忙期と閑散期の差が大きいので、派遣社員を許してしまうと、「簡単に首を切る」ということにつながる。それでは、労働者の生活の安定が図れない。そのために、製造業の労働者の派遣は禁止されていたのだ。

製造業での派遣労働が許されるようになると、当然、製造業者は派遣社員を多く使うようになる。

トヨタもそうである。

トヨタではトヨタ車体、デンソーなど多くの中核企業の工場で、派遣社員の導入を進めた。もちろん、トヨタの生産効率や利益率は、これで大きく改善される。

繰り返すが、労働者派遣法の改正は、トヨタをはじめとした財界が強く働きかけたものである。財界で最大の製造業者というのは、トヨタである。ありていに言えば、労働者派遣法の改正は、トヨタのために行われたようなものなのである。

## 悪名高き「トヨタ方式」とは?

トヨタは、この労働基準法の改正を目いっぱい悪用した。

そして法律ギリギリの方法で、**期間工の使い捨て**をするようになったのだ。

具体的に言うと、以下のようなことである。

2005年4月、トヨタ自動車では期間工の契約期間を2年11か月に延長する制度を打ち出したのだ。

労働基準法第14条では、「有期雇用は3年まで」ということになっている。雇用期間が3年以上になると、期間工ではなく、正社員としなければならない。

そのため期間工は、最長2年11か月までとしたのだ。

そして期間工のうち使える者は1か月の空白期間を置いて、また再雇用するのである。

これは、「トヨタ方式」と呼ばれ、他の企業もこれを真似するようになった。

実は、この「トヨタ方式」は、**合法か違法かはギリギリ**のところなのである。

労働契約法第17条では、「必要以上に短い期間を定め、反復して更新することのないように配慮しなければならない」とされている。つまり、「トヨタ方式」はダメだよということである。が、「配慮しなければならない」という曖昧な表現で、明確に違法だとは言い切られていない。

そこに、トヨタは付け込んでいるわけだ。

トヨタは、必要なときには2年11か月の雇用契約を結んで期間工を囲い込み、必要なくなれば、再契約をせずに使い捨てする、という雇用を常態化させたのだ。

## 日本の全産業に波及したトヨタショック

トヨタが期間工を使い捨てにした顕著な例が、2008年の暮れにある。

2008年11月の中間決算の発表会において、トヨタの木下光男副社長（当時）は「期間工を2009年3月までに6000人削減する」と述べたのだ。

この時期、リーマンショックの後であり、景気は大きく後退していた。

ところがトヨタはこの中間決算で、6000億円の利益見通しを立てていたのである。つまり6000億円の利益が見込まれていたにもかかわらず、期間工の大量削減を決定したのだ。そして、この期間工削減計画は実行に移され、翌年の春までにトヨタ・グループ全体での期間工の削減は1万1060人に上った。

トヨタが期間工を1万人以上も削減することは、「トヨタショック」と言われ、日本の全産業に波及した。

「6000億円の利益を出しているトヨタでさえ、人員を削減しているのだから」ということで、日本中の企業が人員削減を決行したのである。

年越し派遣村とは複数のNPO及び労働組合によって組織された実行委員会が開設した一種の避難所。2008年12月31日から2009年1月5日まで東京都千代田区の日比谷公園に大勢の派遣失業者などが集まった。 ©共同通信社/amanaimages

2008年暮れに大々的に報じられた**「派遣村」も、その発端はこのトヨタショックにあった**といえる。

しかも前述したように、トヨタはこの時期、エコカー補助金で約4000億円もの税金を間接的に獲得している。このエコカー補助金が切れるのを見計らって、1万1000人の期間工を削減したのである。まったく何のためのエコカー補助金かということである。

## 非正規雇用の増大が日本経済に与える重大な影響

２００４年の労働者派遣法の改正などにより、日本の非正規雇用が大幅に増加した。マスコミ等でも時々取り上げられるのでご存じの方も多いだろう。

この非正規雇用の増大というのは、世間で思われている以上に、日本経済に深刻な影響を与えているのだ。派遣法の恩恵を受けたトヨタでさえも長い目で見れば、大きな損失となっているといえるのだ。

**非正規雇用の問題というのは現在の問題だけではなく、未来にも大きな災いをもたらすものである。**

「非正規社員の増加は世界的に不景気だからしょうがない」

と思っている人も多いかもしれない。

しかし、それは事実ではない。

というのも先進国のなかでこれほど非正規雇用が増えているのは日本だけなのだ。現在の日本は非正規雇用の割合が37％を超えており、先進国のなかでは最悪である。

ヨーロッパ諸国では、労働者の権利が非常に守られており、フランスでは非正規雇用の割合は20％以下である。イギリス、ドイツなどもほぼ同じ水準だ。

## 表12　非正規雇用の増加状況

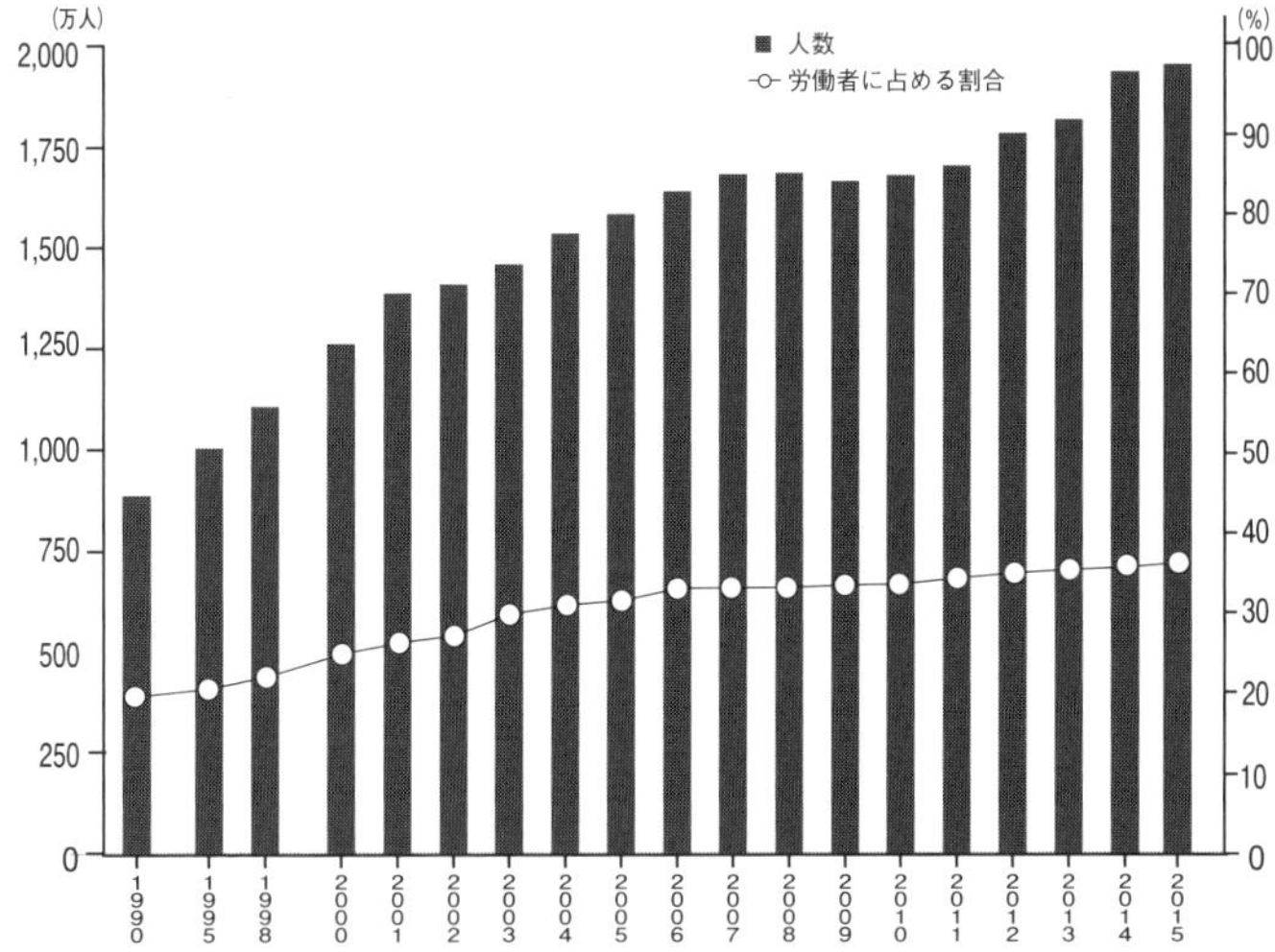


＊厚生労働省発表資料より

競争社会のアメリカでさえ、非正規社員は約４０００万人で、総労働力に占める割合は27％である。

先進国のなかでは、日本だけが突出しているといえる。

また非正規雇用者に対する待遇も、日本は最悪である。

表13のように、日本の非正規雇用者（パートタイマー）の賃金は、正社員の半分以下である。

トヨタの場合もしかりである。

トヨタの正社員の平均給料は７００万円程度である。が、トヨタの期間工や派遣社員の賃金は日給1万円程度であり、年間にして３００万円前後である。

### 表13　2003年の先進国のパートタイマーの賃金（平均賃金との比較）

| 日本 | アメリカ | イギリス | フランス | ドイツ |
|---|---|---|---|---|
| 48% | — | 65% | 81% | 74% |

＊OECDのレポートより

このような差は、他の先進諸国ではあり得ない。

平均賃金に対してパートタイマーの賃金は、フランスでは実に8割を超えており、正規雇用者との差がほとんどない。ドイツ、イギリスも正規雇用者の賃金の半分は優に超えている。

またアメリカのパートタイマーの賃金に関するデータはないが、アメリカは労働組合が強く、また労働者の権利も保護されているため、日本より賃金が低いということはないと考えられる。

先進諸国では、非正規雇用者でも、正規雇用者とそれほど変わりがない生活が送れるということである。表のデータは少し古いものだが、日本の非正規雇用の労働環境が改善されたり、先進諸国の労働環境が悪化したという話はないので、現在も同様の状態にあるといえる。

日本の場合は、非正規雇用者が激増している上に、非正規雇用者になれば普通の生活ができなくなってしまう。

アメリカのフォードも、ドイツのフォルクスワーゲンも、労働者に対して、トヨタよりもはるかに高い賃金を払った上で、トヨタと競争している。トヨタの場合は、**人件費をケチりまくって国際競争力をつけてきた**のだ。

トヨタや日本の企業は、経営発想が「発展途上国の企業」なのである。

日本の経済政策では、近年、トヨタをはじめとした大企業の業績を優先させ、非正規雇用を増大させた。その結果がこの体たらくなのだ。一刻も早く、非正規雇用の問題を解決しなければ、日本の将来は暗澹たるものになるはずだ。

## 非正規雇用1900万人のほとんどは老後の年金がもらえない

非正規雇用の増大というのは、実は世間で思われている以上に、日本社会の深刻な問題なのである。

現在の日本では非正規雇用者が1900万人を超えている。

この人たちのほとんどは、年金の額は不十分である。彼らが高齢者になったとき、ほとんどの人の年金の額は生活保護以下だと見られている。

それどころか、年金自体に加入していない者も多数いる。一橋大学名誉教授の高山憲之氏の研究によれば、**非正規雇用の半数以上は厚生年金に加入していない**（『週刊ダイヤモンド』2008年10月11日号より）。

厚生年金に加入していなければ、本来ならば国民年金に加入しなければならないのだが、多くはそれもしていないと見られている。

彼らは日本人だから、もちろん生活保護を受給する権利を持っている。

つまり今後、非正規雇用の人たちが、大挙して生活保護受給者になっていくと考えられるのだ。

そうなると、数百万人の単位では済まない。数千万人レベルで、生活保護受給者が生じる。

国民の20～30％が生活保護という事態もあり得るのだ。

**これは決して空想上の話ではない**。

データにもはっきり表れていることであり、このまま何もしなければ、必ずそうなるという非常に現実的な話なのだ。最悪の場合は、この1900万人が生活保護を受給することになる。

現状でさえ低所得者層が増え続けている上に、1900万人の新たな生活保護受給者が出現するのだ。

このままいけば、おそらく生活保護受給者は、そう遠くないうちに1000万人を突破するだろう。そして20年後には、**2000万人を突破する可能性**もある。どんな楽観的な経済評論家でも、このデータに抗うことはできないはずだ。

現在の生活保護には、一部には不正受給があったり、生活保護を受けながらパチンコや遊興にふけっている人がいるのは事実である。しかしこのことを捉えて、生活保護における問題点をすり替えてはならない。

今の日本社会は、生活保護を受給できるレベル（つまり所得が一定基準以下ということ）の人が激増しているのである。そして実際に生活保護を受給している者というのは、そのうちのごく一部に過ぎない。

現在、生活保護以下の生活をしている人というのは、1000万人以上と推定されている。生活保護を受けている人は200万人なので、800万人が生活保護の受給から漏れているのである。

不正受給などの問題は、生活保護の抱える問題の本質に比べれば、枝葉に過ぎないのだ。

## 少子化の原因の一つは非正規雇用

非正規雇用の激増は、少子化も加速させている。

こういうことを述べると、反論する人もいるだろう。

「未婚者の増加や晩婚化というのは、個人の意識の問題だ」と。

確かにそういう面もあるだろう。

しかしデータを見る限りでは、現在の少子化問題というのは、経済も非常に大きい要素を占めているのだ。

男性の場合、正社員の既婚率は約40%だが、非正規社員の既婚率は約10%である。

非正規社員の男性のうち結婚している人が1割しかいないということは、事実上、非正規社員の男性は結婚できない、ということである。

これは何を意味するか?

男性はやはりある程度の安定した収入がなくては結婚はできない、だから非正規社員などでは、なかなか結婚できないのである。

つまり、**「非正規社員が増えれば増えるだけ未婚男性が増え少子化も加速する」**のだ。

現在、働く人の３人に１人以上が非正規雇用である。そのなかで男性は、５００万人以上もいる。10年前よりも２００万人も増加した。つまり、結婚できない男性がこの10年間で２００万人増加したようなものである。

現在の日本は、世界に例を見ないようなスピードで少子高齢化が進んでいる。今のまま少子高齢化が進めば、日本が衰退していくのは目に見えている。どんなに経済成長をしたって、子供の数が減っていけば、国力が減退するのは避けられない。

今の日本にとって、経済成長よりもなによりも、少子高齢化を防がなければならないはずだ。

「非正規雇用が増えれば、結婚できない若者が増え、少子高齢化が加速する」

これは理論的にも当然のことであり、データにもはっきり表れていることである。

なのに、なぜ政治家や官僚はまったく何の手も打たないのか、不思議でならない。

## 非正規雇用が増え続ければ日本の競争力も落ちていく

トヨタをはじめとした財界の人も、よく考えてほしい。

日本の雇用状況を今のままにしていれば、どうなるか？

今のまま2000万人近くの低所得者を抱えていれば、それはやがてあなたがたに跳ね返ってくることである。

「非正規社員の給料が少ない」
「非正規社員が多い」

ということは、今後の日本はダメになるということでもある。

教育もままならない状態では、優秀な人材も確保できない。

日本の経済がうまく行ってきたのは、投資家のおかげではない。勤勉で優秀な人材が豊富にいたからである。

**今の日本の状態では、人材の質が下がっていくのは目に見えている。**それは日本の〝最大の資源〟を枯渇させるということである。

株主の方々も重々考えてほしい。

日本に低所得者が増え、子育てや教育もままならないようになれば、日本企業の競争力が落ちるのは自明の理である。また貧困者が増えれば治安も悪くなり、景気はさらに悪化するだろう。

人件費を削減することは、短期的に日本企業の業績を上げることはできるが、長期的に見れば、日本企業の破滅を招くことになるのだ。

また日本のサラリーマンたちというのは、**企業にとっては〝人材〟であるとともに、〝顧客〟でもある**はずだ。彼らがモノを買ってくれることによって、企業は成り立っているのだ。

非正規社員の問題をなんとかしなければ、日本には未来はないのだ。そうなったとき、一番失うものが大きいのは、今、多くのものを持っている財界のはずである。

トヨタをはじめとした経済界は自社の利益だけを考えるのではなく、日本の将来についても考えておかなければ、結局、最終的に自分の首を絞めるということを自覚するべきだろう。

## 雇用のルールを壊したトヨタ

トヨタのこの低賃金政策というのは、戦後、日本の産業界で守られてきた雇用のルールを壊すものでもあった。

高度成長期からバブル崩壊にかけて、日本の企業はなによりも雇用を重んじ、常に賃金の上昇を意識していた。

日本で労働運動が下火になったのは、各企業が従業員が不満に思わないように、それなりに賃金に気を配ってきたからである。

「企業は雇用を大事にし賃上げに全力を尽くす」

「従業員は無茶なストライキなどはしない」

労使のそうした信頼関係の元に、日本特有の「日本型雇用」が形づくられたのである。

そして、この「日本型雇用」の影響で、日本の労働運動は衰退してしまった。従業員は激しい労働運動しなくても、雇用は守られ待遇は改善されていく、という建前があったからだ。

トヨタも、かつてはそうだった。

戦後のトヨタは、いちはやく「従業員と会社が共に潤っていく」という方針を打ち出し、高度成長期の日本の労使関係のモデルにもなったほどだった。

終戦後の10年間というのは、労働運動が非常に激しかった。

トヨタでも、１９５０年には、２か月に渡るストライキが決行された。

が、１９６2年、トヨタの労働組合と経営側により「労使宣言」が採択され、トヨタの労使は「相互信頼を基盤とし、生産性の向上を通じて企業繁栄と労働条件の維持改善を図る」ということになった。

つまりトヨタの労働組合は、経営との協調路線を採ることになったのだ。これは、戦後の日本企業を象徴するようなものだといえる。

以降、トヨタの労働組合はストどころか、団体交渉さえ行ったことがなく、賃金、労働条件などすべての労働問題は労使協議会で行われている。組合の幹部になることが、トヨタ内での出世コースにさえなっているのだ。

これは雇用や賃金をトヨタがしっかり守る姿勢を見せたので、従業員側も歩み寄ったということである。

高度成長期、バブル期には、その姿勢は一応、保たれていた。

しかしバブル崩壊後くらいから、トヨタは政治の後押しもあり、業績はいいのにベースアップに応じない、というようなことを平気でするようになったのだ。

従業員としては会社が従業員の待遇を守るというから、これまで労働運動などをやめていたのである。そして労働運動などの力がしっかり弱まってしまった今となって、約束を反故にされたことになる。

しかし従業員の賃金を低く抑え込み、非正規社員を増やすということは、日本の内需を減らし、市場をせばめることになる。

それは、結局、トヨタの首も絞めることになるのだ。

# 第3章

# 消費税は
# トヨタのために
# つくられた

## 消費税はトヨタの強い要望で創設された

現在、我々の生活に大きな影響を与えている消費税。

この消費税の創設にも、実はトヨタが大きく関わっているのだ。

そんなことを言われても、ほとんどの人はにわかには信じられないだろう。

消費税というのは、少子高齢化社会の社会保障費の財源として創設されたものと多くの人は信じているはずだ。

しかし、決してそうではない。

消費税は、社会保障費などにはほとんど使われていない。

そして消費税とトヨタの関係は、切っても切れないものがあるのだ。

そもそも消費税の導入は、財界の強い要望で実現したものである。

トヨタといえば、前にも述べたように戦後の財界の重鎮である。当然、政治的な発言力も大きいし、税制にも口出しをする。そして1980年代、トヨタをはじめとする自動車業界が、消費税の導入を強く働きかけたのだ。

もちろん、トヨタの要求だけで消費税が創設されたわけではない。しかしながら、トヨタの要求が消費税導入に強い影響をもたらしたことは確かである。

そして**消費税の導入で、トヨタは大きな恩恵を受けた**。この事実を知れば、ほとんどの人は怒りに震えるはずだ。

トヨタがなぜ消費税導入を働きかけたのか、そしてトヨタは消費税でどんな恩恵を受けたのか、順に説明していきたい。

## 消費税の導入以前、「物品税」という効率的な税金があった

消費税でトヨタが大きな恩恵を受けたことについて、まずお話ししたい。

あまり顧みられることはないが、消費税の導入時に、大きな税金が一つ廃止されている。それは「物品税」である。

物品税というのは、簡単にいえば宝石、ブランド品、自動車などに課せられる〝贅沢《ぜいたく》税〟だった。この物品税は戦後すぐに導入されていたもので（原型は戦前にもあった）、国民生活にはすっかり根付いていた。

物品税を払っているからといって、国民生活に負担があるものではなかった。物品税があった当時、国民の消費はおおむね上向き傾向だったからだ。

「贅沢なものに税金が課せられる」ということは、格差社会を防ぐ上でも効果があった。贅沢品に対する課税は、必然的に高額所得者が負担することになるからだ。

また物品税は税の徴収方法もきちんと管理されており、徴税効果も高かった。

間接税というのは消費者が支払った税金を事業者がいったん預かり、それを集計計算して納税することになる。

消費税の場合は該当事業者が膨大であり、集計計算も複雑であることから、徴税効率が悪くなっている。簡単に言えば、消費者が払った消費税がそのまま国庫に納入されず、事業者のところで漏れてしまうということである。

たとえば国民消費は300兆円近くあるのだから、消費税は**本来24兆円くらい**ないとおかしい。しかし、**現在の消費税は17兆円程度**である。国民の払った消費税の3分の1近くは国庫に入らずに消えてしまっているのだ。

それに比べれば、物品税は該当事業者が少なく、徴収経路も単純であることから、徴税効率はほぼ100％に近かった。

消費税に比べれば、格段に効率的な税金だったのだ。

消費税の導入時には、税務署員の間でも、「なぜ効率的な物品税を廃止し、非効率な消費税を導入するのか」という疑問の声が上がっていたのだ。

この物品税の税収は、２兆円もあったのである。

消費税の導入時の税収は４兆円台だったので、物品税をちょっと拡充すれば消費税など
つくらなくてもよかったのである。

しかし国は、この貴重な物品税を手放し、消費税を導入してしまった。

消費税というのは、粉ミルクにもダイヤモンドにも同じ税率が課せられるという、非常
識極まりない税金である。

なぜ物品税を廃止して消費税を導入したのか？

それは物品税に該当する業種の団体が、執拗に政治家に働きかけたからである。

物品税の対象となる業界にとって、商売品に税金がかけられるということは、商売の上で面白いことではない。物品税を廃止すれば、自分たちの売上は確実に増える。だから物品税を廃止してもらいたかったのだ。その代わり、日本のあらゆる商品に税金をかけさせる「消費税」の導入を働きかけたのである。

その業界団体の先鋒にトヨタがいたのだ。

## 物品税の廃止はトヨタのためだった

物品税が廃止され消費税が導入されたことで、トヨタがどれだけ恩恵を受けたのか、検討してみたい。

自動車にかかっていた物品税の税率というのは、次のとおりである。

普通乗用車（3ナンバー車）**23%**
小型乗用車（5ナンバー車）**18・5%**
軽乗用車 **15・5%**

つまり5ナンバーの小型乗用車の税率が18・5%だったので、これが廃止され、消費税が導入されたとなれば、導入時の消費税は3%だったので、トヨタの乗用車は実質的に15%以上も安くなる。3ナンバーの場合は20%も安くなっている。

もちろん**自動車メーカーとしては、万々歳なこと**だった。

これでトヨタの自動車販売は大きく伸びる、というもくろみだったのだ。

しかし実際は、トヨタのもくろみ通りにはいかなかった。消費税は、さまざまな欠陥のある税金であり、景気を大きく後退させてしまったのだ。

詳細は後述するが、トヨタは物品税の廃止、消費税の導入により、一時的には国内販売台数を大きく伸ばす。ところが、その後、急降下し、現在は消費税の導入以前よりもはるかに少ないのである。

## 消費税導入と同時に法人税を減税させたトヨタ

トヨタの罪は物品税を廃止、消費税導入を働きかけただけではない。

トヨタを中心とした財界は消費税導入とともに、法人税と高額所得者の大減税も働きかけ、これを実現させているのだ。

消費税が導入されたのは1989年のことである。

その直後に法人税と所得税が下げられた。

また消費税が3%から5%に引き上げられたのは、1997年のことである。その直後にも法人税と所得税はあいついで下げられた。

そして法人税の減税の対象となったのは大企業であり、また所得税の減税の対象となったのは高額所得者である。

消費税による増収は約10兆円だが、**この10兆円は大企業と高額所得者の減税分ですべて吹っ飛んでしまった**。

つまり消費税は、少子高齢化の社会保障のためという建前で創設されたが、それには一切使われず、大企業と高額所得者に差し出されたわけである。消費税は福祉のためではなく、大企業と高額所得者への利権として創設されたのである。

その企ての中心にいたのがトヨタなのである。

## トヨタは消費税で儲かる

「消費税はトヨタのためにつくられた」

というのには、もう一つ大きな理由がある。トヨタは、さらに消費税で大きな恩恵を受けているのである。

消費税は、トヨタの物品税負担をなくしただけではなく、逆に利益をもたらしたのだ。

つまり**トヨタは消費税で儲けを得ている**のだ。

「消費税で儲けている」と言っても、普通の人にはピンとこないはずである。

ここには税金というもののトリックが隠されているのだ。税金の細かい仕組みのことなので、若干、面倒な話ではあるが、ここは辛抱してお付き合い願いたい。

消費税というのは、不思議な仕組みがいくつもある。

そのうちの一つが、「戻し税」というものである。

消費税というのは、「国内で消費されるものだけにかかる」という建前がある。だから輸出されるものには、消費税はかからないのである。

ところが輸出されるものというのは、国内で製造する段階で、材料費などで消費税を支払っている。そのため「輸出されるときに、支払った消費税を還付する」のである。それが、戻し税というものなのである。

消費税の建前上の仕組みからいえば、この戻し税というのは、わからないことでもない。

輸出企業は製造段階で消費税を払っているのに、売上のときには客から消費税をもらえないので、自腹を切ることになる。

それは不公平だ、ということである。

しかし現実的に見ると、この制度は決して公平ではない。

というより、この戻し税は事実上、**「輸出企業への補助金」**となっているのだ。

というのも大手の輸出企業は、製造段階できちんと消費税を払っていないからである。

消費税がかかっているからといって、下請け企業や外注企業は価格に消費税を転嫁できない。製造部品などの価格は、下請け企業が勝手に決められるものではなく、発注元と受注企業が相談して決めるものである。となると力の強い発注元の意見が通ることになり、必然的に消費税の上乗せというのは難しくなる。

トヨタなどの巨大企業となると、なおさらである。

トヨタから発注を受けている業者は、常にコスト削減を求められている。表向きは消費税分を転嫁できたとしても、「コスト削減」を盾に価格を引き下げられることはままある。

となると、トヨタなどの輸出企業は製造段階で消費税を払っていないにもかかわらず、戻し税だけをもらえる、ということになるのである。

## トヨタは年間3000億円以上の戻し税を受け取っている

では、消費税でトヨタが実際にどのくらい儲けているか（戻し税を受け取っているか）を検討してみたい。

表14は、2007年から2011年までにトヨタが受け取っていた消費税の戻し税の額である。実に、2000億円もの戻し税を受けているのである。

２０１４年から消費税は５％から８％になった。この戻し税の額も当然、増える。単純計算でも１・６倍になるはずである。だから、トヨタは２００９年レベルの収支であれば、３３００億円もの戻し税を受け取ることになるのだ。

この増税により１０００億円以上も、戻し税が増えるのである。

現在、トヨタは円安により輸出好調のため、２００９年レベルよりもかなり売上増が見

### 表14　トヨタの消費税還付

| | |
|---|---|
| 2007年3月期 | 2869億円 |
| 2008年3月期 | 3219億円 |
| 2009年3月期 | 2569億円 |
| 2010年3月期 | 2106億円 |
| 2011年3月期 | 2246億円 |

＊湖東京至氏（元静岡大学教授）の推計による

### 表15　輸出企業の消費税の戻し税 単位：億円

| | 増税前の消費税還付金（2009年度） | 増税後に想定される消費税還付金 |
|---|---|---|
| トヨタ自動車 | 2106 | 3369 |
| ソニー | 1060 | 1696 |
| 日産自動車 | 758 | 1213 |
| キヤノン | 722 | 1155 |
| 東芝 | 721 | 1154 |
| 本田技研 | 666 | 1066 |
| パナソニック | 648 | 1037 |
| マツダ | 592 | 947 |
| 三菱自動車 | 412 | 659 |
| 新日本製鉄 | 339 | 542 |
| 合計 | 8014 | 12838 |

＊2009年度のデータは湖東京至元静岡大学教授の試算、増税後の試算は2009年データを元に著者が作成

込まれている。だから、トヨタの戻し税はさらに増えることが予想されている。

もちろん、この恩恵を受けているのは、トヨタだけではない。

表15は、日本の輸出企業上位10社が消費税でもらっている「戻し税」の額である。

増税後には、上位10社だけで1兆円以上の戻し税が見込まれているのだ。

消費税の税収は、十数兆円である。十数兆円しか税収がないのに、1兆円も戻し税を払うのである。

**これほど効率の悪い税金はない**といえる。

「消費税はトヨタのため」であり、まさに「トヨタ栄えて国滅ぶ」の図である。

## トヨタの厚顔の広告「増税もまた楽しからず」

トヨタは消費税の恩恵をこれほど受けており、消費税はトヨタのためにつくられたとさえ言えるものである。

が、2014年4月の消費税増税時に、トヨタは信じられないような広告を打った。

それは増税に際し、生活費の節約を促す内容で、「節約は実は生活を豊かにするのだと気づけば、増税もまた楽しからずやだ」という記述さえあったのだ。

この4月から消費税が8%に上がった。家計のやりくりは大変だが、これを機会に生活を見直せば、ムダはいくつも見つかるはず。不要なものを買っていないか。水光熱費はもっと節約できるのではないか。
例えばモヤシのような安価な食材も、工夫次第では立派な主菜になる。節約は実は生活を豊かにするのだと気づけば、増税もまた楽しからずやだ。
「やり方」を発明しよう。
◎次回の「トヨタのもっと006」は4月28日の掲載予定です
TOYOTA
広告で節約を説いたトヨタの新聞広告を一部拡大。2014年4月23日の日経新聞朝刊より。これには日本共産党の志位和夫委員長が「大きなお世話！」とかみついたとか。

世間の人は、トヨタが消費税でどれだけ恩恵を受けているのかわかっていない。

それをいいことに、「増税もまた楽しからずや」とは……。

この言葉こそが、現在のトヨタを象徴しているものだろう。

自社の当面の利益だけを最優先に考え、国民生活がどうなっても構わない。というより、国民生活を犠牲にして、無理やり自社の利益を求めてきたのだ。首を絞めることになっているのだ。

しかし、それは結局、トヨタ自身の首を絞めることになっているのだ。それは、データとして明確に表れつつあることなのである。

## 消費税は天下の悪税

筆者はこれまでトヨタが自社の利益だけのために、消費税導入を働きかけてきたということを述べてきた。

が、こう反論する人もいるはずである。

「消費税がトヨタの利益になっているとしても、消費税は今の日本にとって必要な税金である」と。

もし、その指摘のとおりであるならば、筆者もここまでトヨタに対して強い批判はしない。

しかし、消費税は世界的に見ても欠陥だらけの税金であり、貧富の格差を確実に広げるものである。

その問題点を挙げていく。

まず思い起こしていただきたいことがある。

日本が「格差社会」といわれるようになったのは、消費税導入以降のことである。消費税導入以前は**「一億総中流社会」**と呼ばれ、格差が非常に少ない社会だったはずだ。

消費税を導入すれば、貧困層がダメージを受けるということは、税の専門家の間では当初から言われていたことだ。税金の常識である「金持ちの負担を多く、貧乏人の負担を少なく」ということに**まったく逆行している**のだ。

なぜ「消費税は金持ちが負担が少なく、貧乏人の負担が多い」のか、簡単に説明しよう。

消費税は、何かを消費したときにかかる税金である。

そして人は生きていく限り、消費をしなければならない。「自分は貧乏だから消費をしない」というわけにはいかないのだ。

そして貧乏人ほど収入に対する消費の比重が大きい。だから、消費に税金がかけられれば、一番ダメージを受けるのは貧乏人なのである。

簡単にいえば、こういうことである。

貧乏人は所得のほとんどを消費に回すので、所得に対する消費税の割合は、限りなく8%に近いことになる。

たとえば年収300万円の人は、300万円を全部消費に使うので、消費税を24万円払っていることになる。300万円のうちの24万円払っているということは、つまり貧乏人にとって消費税は、所得に8%課税されるのと同じことなのである。

しかし金持ちは、所得のうち消費に回す分は少ない。だから、所得に対する消費税率の割合は非常に小さくなる。

たとえば1億円の収入がある人が2000万円を消費に回し、残りの8000万円を金融資産に回したとする。この人は所得のうち5分の1しか消費に回していないので、所得に対する消費税の課税割合も5分の1である。つまり所得に対する消費税率は、1・6％で済むのである。

これを普通の税金に置き換えれば、どれだけ不公平なものかがわかるはずだ。

もし貧乏人は所得に対して8％、金持ちは1・6％しか税金が課せられない、となれば、国民は大反発するはずだ。しかし実質的にはそれとまったく同じことをしているのが、消費税なのである。

トヨタをはじめとした財界が消費税を推奨してきた最大の理由は、ここにある。

## 格差社会は消費税がつくった

「消費税は公平な税金だ。物を買ったときに誰にでも同じ率で課せられるし、消費税を払いたくなければ、消費しなければいいだけだ」

などという人もいる。

それこそ意地悪で現実離れした話だと言わざるを得ない。

人は消費しなくては生きていけない。そして所得が低い人ほど、「消費をしない」という選択肢がない。貯金をする余裕がないから、必然的に収入のほとんどが消費に充てられるわけだ。貯金という逃げ道のない人を狙ってかける税金、それが消費税なのである。

税金には本来、所得の再分配の機能がある。

所得の高い人から多くの税金を取り、所得の少ない人に分配する、という機能である。

経済社会のなかで生じたさまざまな矛盾を、それで是正するためだ。

でも消費税は所得の再分配と、まったく逆の機能となっている。

もし消費税が税収の柱になっていけば、お金持ちはどんどん金持ちになって、貧乏人はどんどん貧乏人になる。これは、単なる理論的なことだけではない。

繰り返すが、「格差社会」という言葉が使われはじめたのは、消費税が導入されてからである。**消費税と格差社会は、時代的にまったくリンクしている**。

消費税が導入される前は、日本は一億総中流社会と言われていた。

国民全部が、自分たちのことを中流階級だと思っていたわけだ。つまり貧しい人がいなかったということだ。

格差が広がったのは、消費税が導入されてからなのである。

格差社会にはいろんな要因があるので、消費税だけのせいではないが、一つの大きな要因であることは間違いない。

## 日本の消費税は実は世界一高い

「消費税が悪い税金といっても、他の先進諸国の消費税はもっと高いじゃないか。だから日本も消費税を上げるべき」

こう反論する人もいるだろう。

しかし、これも詭弁である。

というのも、日本の消費税は実質的に世界一高いからである。

消費税というのは、物やサービスを購入したときにかかってくる税金である。つまり、何かを消費するとき価格に上乗せされるのが消費税である。

消費税の最大の弊害というのは、「物が高くなる」ということである。消費税を増税しても物価が上がらないのであれば、何の弊害もない。もし消費税を増税しても物価に影響がないなら、いくらでも増税していいし、消費税ほど素晴らしい税金はないといえる。

逆に言えば、物価が高ければ、消費税が低くても、高額の消費税を払っているのと同じなのである。

日本の物価は、実は世界一といっていいほど高い。デフレで物の値段が下がっていると言っても、元の値段が世界水準よりもかなり高いのである。

2014年「マーサー世界生計費調査」によると、世界の都市のなかで、東京は7番目に物価が高い。7位というのも非常に高い位置であり、欧米の主要都市よりもかなり高い。実はこの7位というのも、急速な円安のために、世界的な通貨価値としては物価が下がっているのである。

**表16 2014年 マーサー 世界生計費調査 都市ランキング(上位10都市)**

| 2014 | 2013 | 都市 | 国 |
|---|---|---|---|
| 1位 | 1位 | ルアンダ | アンゴラ |
| 2位 | 4位 | ンジャメナ | チャド |
| 3位 | 6位 | 香港 | 香港 |
| 4位 | 5位 | シンガポール | シンガポール |
| 5位 | 8位 | チューリッヒ | スイス |
| 6位 | 7位 | ジュネーブ | スイス |
| 7位 | 3位 | 東京 | 日本 |
| 8位 | 9位 | ベルン | スイス |
| 9位 | 2位 | モスクワ | ロシア |
| 10位 | 14位 | 上海 | 中国 |

ここ数十年の間、日本の都市は常に世界で3位以内に入っているのだ。

これだけ長い期間、物価の高い国として上位にランクされている国は、他にない。ありていに言えば、日本は世界でもっとも物価が高い国なのだ。物価の高さの要因は、公共料金の高さなど、さまざまな要因がある。本書の趣旨ではないので、その点はここでは追究しない。

が、読者諸氏には日本の物価が世界一高いということだけはしっかり頭にとどめておいていただきたい。なぜなら物価の高さは消費税の議論のなかで、もっとも大事なものだからだ。

欧米の先進国は、間接税は日本より高いが、それでも日本より物価は安い。つまり国民生活の面で見れば、日本よりも負担は少ないのである。

もともと物価が高い国で、さらに物価を上げるような税金をつくったらどうなるか？ということを考えていただきたい。

当然のごとく消費は冷え込む。日本は消費の冷え込みがほとんど慢性化しているが、それは消費税導入以降のことなのである。また給料は下がっているのに物価は上がるとなれば、今以上に国民生活が苦しくなるのは目に見えている。

実際に消費税導入後に、国民消費は減少の一途をたどり、急速に景気は冷え込んだ。それは、回り回ってトヨタの売上にも影響するのである。

## ヨーロッパ諸国の消費税が高い理由

消費税推進論者たちが、よくこのようなことを言っている。

「ヨーロッパ諸国の消費税（付加価値税）は、日本よりかなり高い」

だから日本は消費税をもっと上げていい、というのだ。

しかしこの論は、非常に偏ったものである。

確かにヨーロッパ諸国は、だいたい20%前後の付加価値税（消費税に似たもの）を課している。

だが、ヨーロッパ諸国と日本とでは、国の財政事情がまったく違う。

ヨーロッパ諸国は日本とは比べものにならないほど、貧困層への手当が厚い。

たとえば、貧困対策費（生活保護費等）は、日本に対してドイツ、フランスで5〜6倍、イギリスでは10倍以上である。イギリス、フランス、ドイツなどの先進国では、要保護世帯（生活保護基準以下の収入）の70〜80%が生活保護を受けているとされている。しかし、日本では要保護世帯の20%以下しか生活保護を受けられていないと見られている。

低所得者への住宅支援でも、先進国と日本は大きな隔たりがある。

しかし日本では、住宅支援は公営住宅くらいしかなく、その数も全世帯の4%に過ぎない。支出される国の費用は、わずか2000億円前後である。

他の先進国ではこうではない。

フランスでは、全世帯の23%が国から住宅の補助を受けている。その額は1兆8000億円である。またイギリスでも、全世帯の18%が住宅補助を受けている。その額、2兆6000億円である。

また付加価値税の課税方式も、日本とヨーロッパ諸国ではまったく違う。

ヨーロッパ諸国では、各品目ごとに細かく税率を分けており、貧困層の負担がなるべく減るような工夫がされている。日本も、ようやく生活必需品に対する軽減税率がつくられているが、それでもヨーロッパ諸国のきめの細かさとは比べるべくもない。

つまりヨーロッパ諸国は、貧困層への配慮を十分に行った上で、高率の消費税（付加価値税）を課しているのである。

日本はそういう点をほとんど見習わないまま、消費税を導入してしまったのである。

## 消費税増税と同時に次々に自動車関連税が減税に

消費税の増税に伴って、トヨタはさらに執拗に減税を求めてきた。

たとえば日本自動車工業会会長の2015年9月17日の会見では、国に次のような要望を出している。

「消費税10%引き上げ時において、自動車税の税率引き下げや、自動車重量税の当分の間税率の廃止等、ユーザーの過重な税負担の軽減を要望していく」

その結果、近年、自動車に関する税金は次々に引き下げられている。

たとえば、エコカー減税である。

エコカー減税というのは、新車登録時の自動車重量税、自動車取得税に対する減免措置で、2009年6月から実施されている。

このエコカー減税は2015年からはさらに拡充され、

表17 主なエコカー減税

| | 次世代自動車（電気自動車、燃料電池車等） | 平成32年度燃費基準＋10%達成車 |
|---|---|---|
| 自動車取得税 | 免除 | 80%減 |
| 自動車重量税 | 免除 | 75%減 |
| 自動車税 | 75% | 75% |
| 軽自動車税 | 50% | 25% |

基準をクリアした新車を購入すれば、自動車取得税が免除、自動車重量税も二回目の車検まで免除というものだ。

つまりエコカー減税の対象車を購入すれば、自動車取得時の税金は消費税だけということになる。

また自動車取得税も廃止される予定である。

自動車取得税はもともと5％だったものが、消費税が8％になったとき（2014年4月）に3％に減額され、消費税が10％になるときには廃止が予定されている。

## 日本の自動車の税金は決して高くはない

トヨタが自動車に関する税金の引き下げを執拗に求めてきたのは、「日本は欧米よりも自動車に関する税金が高い」という主張が根拠となっている。

だが、よくよく検討してみると、それは決して真実ではない。

確かに、「自動車に関する税」だけを見ると、日本は高い。

しかしヨーロッパでは付加価値税（消費税）という税金があり、自動車には最高税率が課されるため、これを加味すれば「車を所有することでかかる税金」は、日本より安いとは言えないのだ。

自動車取得に関する税金（自動車取得税、消費税）は、ヨーロッパ諸国よりも安いのである。

日本では自動車取得税が車体の3％（営業車、軽自動車は2％）であり、消費税と合わせても11％しかかからない。しかし、ヨーロッパ諸国は付加価値税（消費税のようなもの）だけで20％近い。だから自動車取得に関しては、ヨーロッパのほうが高いのである。

また自動車の所有にかかる税金も、ヨーロッパ諸国に比べて決して高くはない。自動車税は車種にもよるが、イギリスとほぼ変わらない。他のヨーロッパ諸国は自動車税は日本ほどは高くないが、高い率の付加価値税がガソリンにかかるため、車の所有に関する税金は、ほとんど変わらないのである。

もちろん自動車大国アメリカと比べれば、日本の自動車の税金は高い。アメリカは、車がないと生活が成り立たない地域も多く、伝統的に自動車の税金を安くしてきた。国土が広大なアメリカと比べて、「日本は自動車税が高い」と主張するのは無理がある。

そして、ここが大きなポイントなのだが、**トヨタなどの自動車業界は、自動車に関する税金を安くすれば、自動車が売れると思っているようだが、決してそうではないのである。**

日本で自動車が一番売れていた時期というのは、今よりもはるかに自動車に関する税金が高かったときなのである。

自動車が売れなくなった最大の理由は、トヨタが従業員の賃金を渋り、日本全体のサラリーマンの給与が下がったことなのである。

## 消費税は結局、トヨタを苦しめることに

このように消費税はトヨタばかりを利し、国民全体の負担を増したのだが、実は結果的にトヨタも消費税で苦しめられることになる。

物品税を廃止して、消費税を導入すれば自動車の売上は増えるはず、というトヨタのもくろみは、あっさりはずれることになるのだ。

トヨタの自動車販売台数は消費税導入後、一時的に増加するが、すぐに減少に転じる。

消費税増税前には180万台だったのに、平成23年には100万台にまで落ち込んだ。

これはどういうことを意味するのか？

物品税を廃止したことで、自動車自体の購入価格は非常に安くなった。

が、消費税が導入されれば、国民の消費力は大きく損なう。消費税3％で国民の消費力は3％低下し、消費税8％では国民の消費力は8％低下する。

また前述したように消費税は格差を助長し、低所得者の生活を苦しめるものである。自動車などというものは、生活に余裕がないと買わないモノである。衣食住には関係ないので、消費力が低下すれば、真っ先に削られるものだ。

国民は自動車を買うのを控えたり、今までは新車で買っていたものを中古車に切り替えたり、新車を購入するスパンを伸ばしたりするようになったのだ。

だから結果的に消費税により、販売台数を減らしたというわけである。

つまりは自社の目先の利益を優先し、国民の負担を増やしたばかりに、国民に自動車を買ってもらう余裕をなくさせてしまったということである。

# 第4章

# トヨタは日本経済に貢献していない

## トヨタは日本経済に貢献していない

ここまで、トヨタがいかに優遇税制を受けているか、という話を散々してきた。

しかし、こう反論する人もいるのではないだろうか？

「トヨタのような巨大企業は、日本経済に多大な貢献をしている、だから多少、税制の優遇措置を受けたって仕方がない」

と。

もちろんトヨタがまともに税金を払っていなくても、社会に対してそれなりに貢献しているのなら、また納得がいく。

確かに、トヨタが日本経済にある程度の貢献をしていることは間違いない。日本最大の企業なのだから、それなりに雇用を生んでいることは、当たり前でもある。

だが、ここまで優遇するほどの貢献をしているのか？　そう考えると、「違う」と言わざるを得ない。

実際のところ、トヨタの日本経済への貢献度は近年、大幅に下がり続けている。つまり**トヨタを優遇しても、トヨタの貢献度は上がっていない**のである。

トヨタは近年、巨額の収益を上げ、さぞや雇用なども増加しているかと思いきや、むしろ正社員の数は減っているのだ。

平成4（1992）年のピーク時には、7万5000人いたトヨタの正社員は、現在7万人程度にまで落ち込んでいる。しかも前述したように、トヨタは賃金に関して非常に渋い。正社員も減らし賃金も上げず、という状態なのである。

またトヨタが国内で多くの自動車を生産し、下請け会社などを潤しているというのなら、日本に貢献しているということになるので、それなりに納得がいく。

しかし、トヨタ自動車グループの下請け企業・全国約3万社の2007年度と2013年度の売上を比較したところ、2007年度の水準を回復していない企業が約7割を占めたのである（帝国データバンクによる実態調査、2014年8月発表）。

トヨタ自体は、過去最高収益を出しているが、それは下請けにはまったく反映されていないということなのだ。

また、トヨタの国内生産台数はピーク時（2007年）に比べれば、25％以上も減っている。

国内生産台数が減っているということは、トヨタの日本での雇用や経済活動への貢献度が減っているということなのである。

## 表18　トヨタの国内生産台数

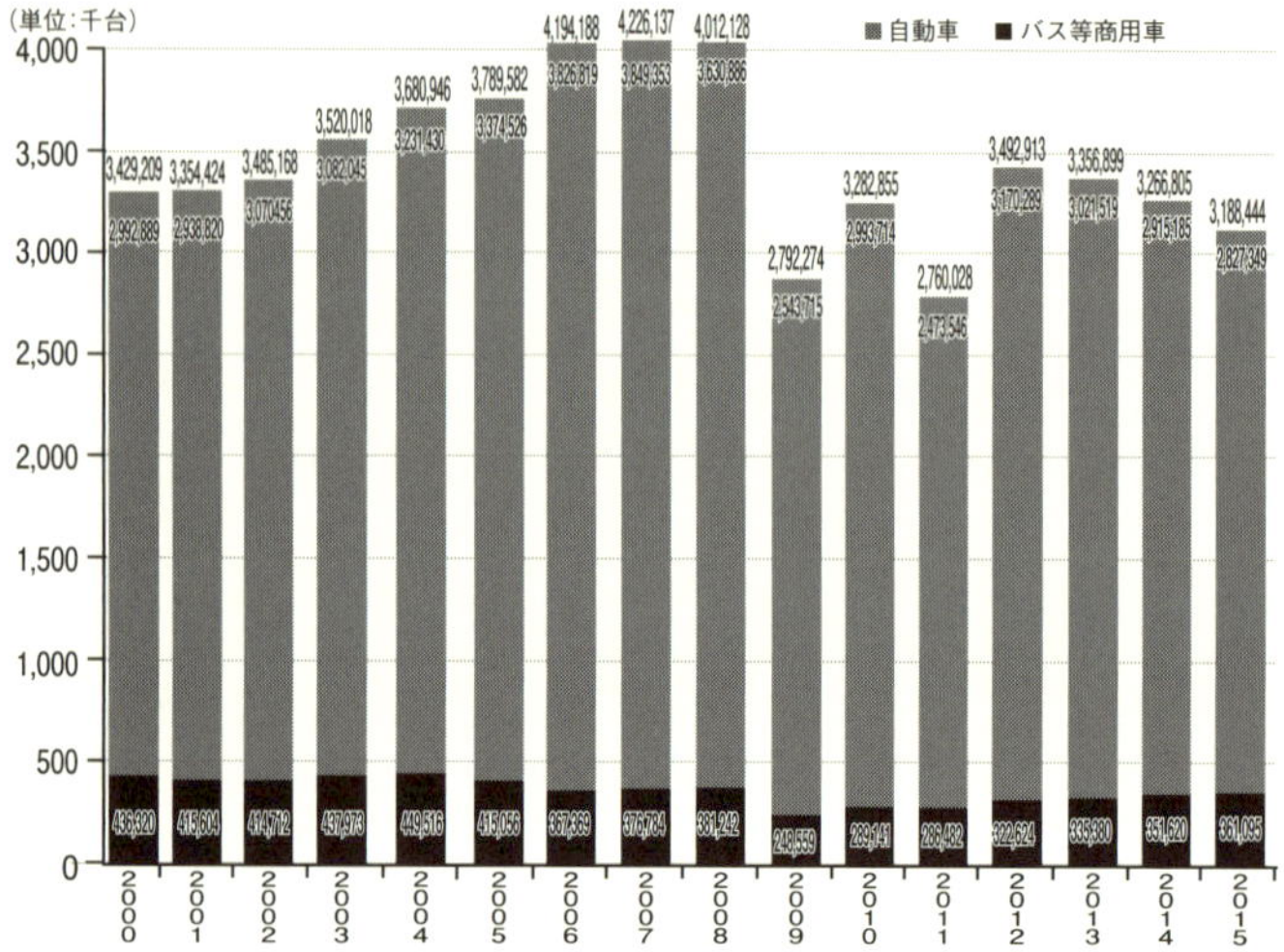


つまり、トヨタというのは、日本の雇用や経済活動への貢献度は、どんどん減っているにもかかわらず、税制面の優遇ばかりを増やすようになっているのだ。

海外に工場をどんどん移転させ、グループ全体の利益は増大させているにもかかわらず、日本国内ではあまり税金を払っていないのである。

こんな企業に、税制優遇を敷く理由があるのだろうか？

国内で頑張っている中小企業などに、税制優遇をしたほうがよほど日本の将来のためになるはずである。

## トヨタは日本でお金を使っていない

前項では、国内での生産台数を減らし、雇用や下請け業者への支払いを減らしていることを述べた。これをさらに細かいデータから分析してみたい。

企業がその国に貢献しているかどうかは、煎じ詰めれば、その企業が国にどれだけのお金を落としているか、ということである。

トヨタを優遇し、税金を安くしても、トヨタが日本でバンバンお金を使い、日本経済を活性化させているのであれば、優遇するだけの価値はあるといえる。

が、トヨタが日本で落とすお金というのは、昨今、急激に減少しているのだ。

表19を見てほしい。

これは、トヨタの売上原価の推移を示したものである。

売上原価というのは、その商品（自動車）をつくるために要した費用のことである。工場の操業費用、工員の賃金、材料費、下請け企業への支払いなどが、これに含まれるのだ。ようするに自動車をつくるために、トヨタが使った費用のことである。

この売上原価は、ざっくり言えばトヨタが日本国内で使ったお金の額を示すものである。

この額の推移を見れば、**トヨタの貢献度がどんどん下がっているのがわかる**のである。
2015年3月期の売上原価を見ると、2008年3月期に比べて、1兆3000億円も少ない。トヨタの子会社、下請け業者などに行くお金がそれだけ減っているということなのである。

つまりトヨタが日本で使うお金が、1兆3000億円も減っているのだ。

またトヨタは近年、国内での設備投資もあまり行っていない。

表20のように、トヨタの有形固定資産は2008年3月期には1兆5000億円もあったものが、2015年3月期には1兆2000億円にまで減少している。実に20％の減である。年数経過による価値の減少を差し引いても、この減り方は異常である。

これは何を意味するのか？

トヨタは、新たな設備投資をほとんど行っていない上に、現存の設備も縮小しているのだ。

トヨタが国内の工場設備を新しくするなど、ガンガン設備投資を行っていれば、それだけのお金が国内に落ちるということであり、日本経済に寄与していることになる。しかしトヨタは近年、史上最高収益を上げていながら、日本国内に落とすお金を急激に減らしているのである。

## 表19　トヨタが日本で使っているお金

| | 売上高 | 売上原価 |
|---|---|---|
| 2002年3月期 | 8兆3千億円 | 7兆5千億円 |
| 2003年3月期 | 8兆7千億円 | 7兆9千億円 |
| 2004年3月期 | 9兆円 | 7兆2千億円 |
| 2005年3月期 | 9兆2千億円 | 7兆5千億円 |
| 2006年3月期 | 10兆2千億円 | 8兆2千億円 |
| 2007年3月期 | 11兆6千億円 | 9兆2千億円 |
| 2008年3月期 | 12兆円 | 9兆8千億円 |
| 2009年3月期 | 9兆3千億円 | 8兆3千億円 |
| 2010年3月期 | 8兆6千億円 | 7兆9千億円 |
| 2011年3月期 | 8兆2千億円 | 7兆6千億円 |
| 2012年3月期 | 8兆2千億円 | 7兆7千億円 |
| 2013年3月期 | 9兆8千億円 | 8兆5千億円 |
| 2014年3月期 | 11兆円 | 8兆6千億円 |
| 2015年3月期 | 11兆2千億円 | 8兆6千億円 |

## 表20　トヨタの設備投資（有形固定資産）

| | 有形固定資産額 |
|---|---|
| 2005年3月期 | 1兆3千億円 |
| 2006年3月期 | 1兆3千億円 |
| 2007年3月期 | 1兆4千億円 |
| 2008年3月期 | 1兆5千億円 |
| 2009年3月期 | 1兆5千億円 |
| 2010年3月期 | 1兆3千億円 |
| 2011年3月期 | 1兆2千億円 |
| 2012年3月期 | 1兆1千億円 |
| 2013年3月期 | 1兆1千億円 |
| 2014年3月期 | 1兆1千億円 |
| 2015年3月期 | 1兆2千億円 |

いくらトヨタを優遇しても、トヨタが日本で使うお金がこの先、大きく増えることは予想できない。頑張って微増であり、普通に行けばどんどん減っていくだろう。

ここから見えるのは、トヨタは儲かったお金で生産設備をどんどん海外に移し、日本では極力お金を使わないようにしている、ということである。

**こういうトヨタ型の企業は、近年、増加している**。というより高度成長期、バブル期で主力だった製造業の多くは、トヨタ型になっているといえる。そしてトヨタ型企業が増えれば、日本経済はじり貧になっていくしかないのである。

## 今でも日本の輸出は多すぎる

トヨタがこれほど優遇されてきたのは、「輸出が増えれば日本は景気がよくなる」という信仰にも似た経済政策の考え方が大きな要因となっている。

戦後の日本経済は、輸出をすることで成長してきた。

だから不況になっても、輸出を増やせば経済は回復する、という非常に安易な考え方が現在まで続いているのだ。アベノミクスなども円安誘導をして、輸出を増やそうという意図がある。

だが、これ以上、輸出を増やして、経済を活性化しようというのは、絶対に間違いである。今の日本経済の状況というのは、高度成長期とは全然違う。

むしろ現在の日本は、すでに毎年毎年膨大な輸出をしている。高度成長期のような伸びしろはもうないのである。

バブル崩壊以降、日本経済は低迷しているが、**輸出に関しては決して低迷してはいなかった**。

日本の輸出額は、バブルの絶頂期だった1991年と2007年を比べると、約2倍になっている。

貿易収支も、バブル崩壊以降もずっと10兆円前後の黒字を続けている。赤字になったのは、東日本大震災の後になってからなのである。

2011年以降、貿易赤字が続いているので、日本はヤバいのではないか、と心配している人もいるかもしれない。が、2011年以降の赤字額も、これまで積み上げた貿易黒字に比べると、屁のような額なのである。

しかも、赤字になっているのは、「物」の輸出入のみの換算なのである。

近年、日本企業は、自国でモノをつくって輸出するよりも、海外に子会社をつくって現地でモノをつくるという傾向にある。トヨタもそうした動きをとってきたことは、前述したとおりである。つまり物ではなく、資本を輸出するようになったのである。

この「資本」を含めた輸出入（経常収支）では、日本は震災以降もずっと黒字なのである。

「近年、日本経済の国際競争力が落ちた」

などと言われることがあるが、決してそんなことはないのだ。

毎年、毎年、10兆円もの貿易黒字を何十年も続けてきた国、何十年もの間、経常収支が黒字を続けた国など、世界中にどこにもないのだ。

国際競争力から見れば、日本は世界のトップクラスであることは間違いない。

日本の外貨準備高は1兆2000億ドルをはるかに超えている。これはEU全体の倍以上の額に上る。

この巨額の外貨準備高は、国民1人あたりにすれば、100万円以上の計算になり、断トツの世界一である。これは、中国の3倍以上にもなる。

日本の政治家やエコノミストは、「もっと輸出を増やして日本経済を復活させよう」と主張している。トヨタが優遇されてきたのも、この論によるものが大きい。

しかし、**この論には非常に無理があるし、現実的に言ってそれはあり得ない**。

日本がもし急激な経済成長を遂げ、貿易黒字が爆発的に増えたとしたら、世界中から嫌われる、ということである。

前述したように日本は今でも貿易黒字が累積していて、1人あたりの外貨準備高は世界一なのである。つまりは世界一の貿易黒字国といっていい。その国がさらに貿易黒字を増やすとなると、世界経済は大きくバランスを失うだろう。

**表21　日本の貿易収支の変遷**（1991〜2015年）

| 年 | 輸出額 | 輸入額 | 貿易収支 |
|---|---|---|---|
| 1991年 | 42兆円 | 32兆円 | +10兆円 |
| 1992年 | 43兆円 | 30兆円 | +13兆円 |
| 1993年 | 40兆円 | 27兆円 | +13兆円 |
| 1994年 | 40兆円 | 28兆円 | +12兆円 |
| 1995年 | 42兆円 | 32兆円 | +10兆円 |
| 1996年 | 45兆円 | 38兆円 | +7兆円 |
| 1997年 | 51兆円 | 41兆円 | +10兆円 |
| 1998年 | 51兆円 | 37兆円 | +14兆円 |
| 1999年 | 48兆円 | 36兆円 | +12兆円 |
| 2000年 | 52兆円 | 41兆円 | +11兆円 |
| 2001年 | 49兆円 | 42兆円 | +7兆円 |
| 2002年 | 52兆円 | 42兆円 | +10兆円 |
| 2003年 | 55兆円 | 44兆円 | +10兆円 |
| 2004年 | 61兆円 | 49兆円 | +12兆円 |
| 2005年 | 66兆円 | 57兆円 | +9兆円 |
| 2006年 | 75兆円 | 67兆円 | +8兆円 |
| 2007年 | 84兆円 | 73兆円 | +11兆円 |
| 2008年 | 81兆円 | 79兆円 | +2兆円 |
| 2009年 | 54兆円 | 52兆円 | +2兆円 |
| 2010年 | 67兆円 | 61兆円 | +6兆円 |
| 2011年 | 66兆円 | 68兆円 | -2兆円 |
| 2012年 | 64兆円 | 71兆円 | -7兆円 |
| 2013年 | 70兆円 | 81兆円 | -11兆円 |
| 2014年 | 73兆円 | 86兆円 | -13兆円 |
| 2015年 | 76兆円 | 78兆円 | -2兆円 |

＊財務省貿易統計より（兆円以下四捨五入）

1980年代、日本は「黒字が多すぎる」としてアメリカから相当にバッシングされたが、それ以上のバッシングが世界中から巻き起こるはずだ。

日本経済で問題なのは、国際競争力が落ちたことではないのだ。これだけ世界中に輸出をしてお金を稼いでいるのに、世界有数の金持ち国であるのに、国民が普通に経済生活を営むことさえ、できていないということである。

つまり、日本経済の問題点は、「競争力」ではなく、「循環の悪さ」なのである。そして、この経済循環の悪さを引き起こした要因をつくったのが、トヨタなのである。

## バブル崩壊以降、トヨタをはじめ日本企業は決して悪くなかった!

これまでトヨタの優遇税制や雇用を批判的に述べてきたが、「バブル崩壊以降、日本の企業は業績が悪かったのだから、仕方がないじゃないか」と思っている人も多いだろう。国民がそう思っていたからこそ、トヨタがベースアップしなくても、あまり批判も受けなかったのである。

そしてトヨタ以外の日本企業でも、バブル崩壊以降、リストラの嵐が吹き荒れ、バブル期に比べれば10ポイント以上も給料が下がっているにもかかわらず、国民は我慢してきた。

**しかし、しかし**、である。

実はトヨタをはじめ、日本の企業というのは、バブル崩壊以降も決して悪くはなかったのだ。

バブル以降、トヨタの経常利益が赤字になったのは、表のように2010年と2011

### 表22 トヨタの売上と経常利益

| 年 | 売上 | 経常利益 |
|---|---|---|
| 1988年 | 6兆6913億円 | 5217億円 |
| 1989年 | 7兆1906億円 | 5699億円 |
| 1990年 | 7兆9981億円 | 7338億円 |
| 1991年 | 8兆5640億円 | 5743億円 |
| 1992年 | 8兆9409億円 | 3759億円 |
| 1993年 | 9兆0309億円 | 2864億円 |
| 1994年 | 8兆1548億円 | 2140億円 |
| 1995年 | 6兆1639億円 | 2362億円 |
| 1996年 | 7兆9572億円 | 3407億円 |
| 1997年 | 9兆1048億円 | 6204億円 |
| 1998年 | 7兆7695億円 | 6256億円 |
| 1999年 | 7兆5256億円 | 5780億円 |
| 2000年 | 7兆4080億円 | 5418億円 |
| 2001年 | 7兆9036億円 | 6218億円 |
| 2002年 | 8兆2850億円 | 7689億円 |
| 2003年 | 8兆7393億円 | 8927億円 |
| 2004年 | 8兆9637億円 | 9157億円 |
| 2005年 | 9兆2184億円 | 8562億円 |
| 2006年 | 10兆1918億円 | 1兆1048億円 |
| 2007年 | 11兆5718億円 | 1兆5552億円 |
| 2008年 | 12兆0793億円 | 1兆5806億円 |
| 2009年 | 9兆2785億円 | 1826億円 |
| 2010年 | 8兆5979億円 | △771億円 |
| 2011年 | 8兆2428億円 | △470億円 |
| 2012年 | 8兆2412億円 | 231億円 |
| 2013年 | 9兆7560億円 | 8562億円 |
| 2014年 | 11兆0422億円 | 1兆8385億円 |
| 2015年 | 11兆2094億円 | 2兆1251億円 |

年の2期だけである。それ以外の年は、**ずっと多額の黒字を続けていた**のである。

トヨタだけではなく、他の日本企業も決して悪くはなかった。

日本企業の営業利益はバブル崩壊以降も横ばい、もしくは増加を続けており、トヨタ以外にも2000年代に史上最高収益を上げた企業も多々あるのだ。そして日本企業は、企業の貯金ともいえる「内部留保金」をバブル崩壊以降の20年で、ほぼ倍増させている。

バブル崩壊以降、国民の多くは、「日本経済は低迷している」ということで、低賃金や増税に耐えてきた。

しかし、その前提条件が、実は間違っていたのである。

## トヨタは有り余るほど金を貯めこんでいる

トヨタが金を持っていないのであれば、従業員の賃金を渋ったり、雇用を増やさないのも、理解できないことではない。バブル崩壊後の長引く不況で、トヨタの懐事情が悪化し、「ない袖は振れない」というのであれば、仕方がないことだともいえる。

では、実際、トヨタは金を持っていないのだろうか？

答えはノーである。

**持っていないどころか、有り余るほどの金を持っている**のである。

トヨタの利益剰余金は2015年3月末現在で、約15兆6000億円である。

利益剰余金というのは、企業が配当をした後に残った利益の総額のことである。トヨタが高額の配当をしてきたことは前述したが、トヨタは高額の配当をしていながらも、社内に十二分に金を残してきたのである。

表23 トヨタの利益剰余金

| 決算期 | 利益剰余金の額 |
|---|---|
| 2005年3月期 | 9兆3千億円 |
| 2006年3月期 | 10兆5千億円 |
| 2007年3月期 | 11兆8千億円 |
| 2008年3月期 | 12兆4千億円 |
| 2009年3月期 | 11兆5千億円 |
| 2010年3月期 | 11兆6千億円 |
| 2011年3月期 | 11兆8千億円 |
| 2012年3月期 | 11兆9千億円 |
| 2013年3月期 | 12兆7千億円 |
| 2014年3月期 | 14兆1千億円 |
| 2015年3月期 | 15兆6千億円 |

この利益剰余金は内部留保金とも言われる（厳密には少し違うが）。

内部留保金は、設備投資などにも充てられるので、企業にとってはある程度必要な金額ではある。

また内部留保金が設備投資に充てられているのであれば、儲けたお金を社外に使っているということであり、それなりに経済貢献をしているといえる。つまり、内部留保金に見合うだけの設備投資を行っているのであれば、それなりに許せる。

だがトヨタは、内部留保金のほとんどを社内に貯めこんでいるのだ。

トヨタは2015年3月時点で、現金預金、金融債権が約17兆9000億円となっている。これを見れば、内部留保金のほとんどは、現金、預金、金融債権になって会社に残っているということである。

しかもトヨタの内部留保金は、ずっと増加し続けている。

法人税を払っていなかった5年間の間も、内部留保金を増大させており、減ったのはリーマン・ショック直後の2009年3月期のみなのである。

## 日本経済を停滞させたトヨタの「貯めこみ」

従業員の賃金もけちり、設備投資もせず、ひたすら社内に金を貯めこむ。このトヨタの「貯めこみ」姿勢は、日本経済を停滞させた要因の一つともいえる。

何度か触れたようにトヨタは日本最大の企業であり、日本でもっとも影響の大きい「リーディングカンパニー」である。

トヨタの「貯めこみ」姿勢は、当然、日本経済全体に波及することになる。

トヨタが内部留保金を膨張させてきた過程とほぼ同様の経緯をたどって、日本企業全体が、利益剰余金を貯めこんできたのである。

日本企業の「内部留保金」は、現在、300兆円を超えている。

表24を見ればわかるように、企業の内部留保金はバブル崩壊以降も着実に増え続けているのだ。

2002年には190兆円だったものが、2012年には300兆円以上にまで膨れ上がっている。しかも、現在も内部留保金は増え続けている。

**表24 近年の企業の内部留保（利益剰余金）**

| | 剰余金 |
|---|---|
| 2002年 | 190兆円 |
| 2006年 | 252兆円 |
| 2007年 | 269兆円 |
| 2008年 | 280兆円 |
| 2009年 | 269兆円 |
| 2010年 | 294兆円 |
| 2011年 | 282兆円 |
| 2012年 | 304兆円 |

＊財務省企業統計調査より

たった10年で100兆円以上増やし、1・5倍以上になっているのだ。

この300兆円の内部留保金がどれだけ大きなものであるか、普通の人にはなかなかピンとこないものだろう。

これは実は異常値と言えるものなのだ。

たとえばアメリカの企業の手元資金

は、2010年末の時点で、162兆円となっている。日本企業の内部留保金は、アメリカの2倍近くもある。

アメリカの経済規模は、日本の2倍である。そのアメリカの2倍も内部留保金を持っているということは、経済社会における割合としては、アメリカの実質4倍の内部留保金を持っているということである。

またアメリカの162兆円の手元資金というのも決して少ない額ではない。リーマン・ショック以降、企業が資金を手元に置きたがる傾向があり、膨れ上がったものである。そして、この巨額な手元資金がアメリカ経済の雇用環境を悪くしているなどの指摘をされている。

ということは、実質その4倍の内部留保金を持っている日本がどれだけ経済環境に悪影響を与えているか、ということである。

内部留保金の話をすると、必ずこういう反論をする人がでてくる。

「企業の内部留保金は設備投資などに回される分もあるのだ」と。

もちろん、会計学的に言えばそのとおりである。

しかし日本企業は内部留保金だけじゃなく手元資金（現金、預金等）も激増し、200兆円を大きく超えている。

これはどういうことか。今の日本の企業では、内部留保金がほとんど投資に回されずに、企業の内部に貯め置かれているということである。トヨタの内部留保金が投資に回されず、現金預金や金融債券に回されていることは、前述したとおりである。これと同じことが、日本企業全体で起きているのだ。

この事実を知れば、誰だって**「企業よ、もっとお金を社会に還元せよ」**と思うはずだ。もし企業が内部留保金の1%でも社会に還元すれば、それだけで生活保護費が大方賄えるのだ。

そして、ここでもトヨタの責任は大きい。

現在のトヨタの内部留保金15兆円は、日本企業全体の内部留保金の5%にも及ぶ。この巨額の内部留保金こそが、日本経済を低迷させてきた大きな要因だといえる。

考えてもみてほしい。

バブル崩壊、リーマン・ショックなどの影響で、トヨタをはじめとする日本企業が強力にリストラを推し進めてきた。サラリーマンや庶民に流れる金は、急速に減少したのである。

その一方で、トヨタをはじめとする大企業たちは、貯蓄を増大させてきた。

これで金の流れが悪くならないはずがないし、格差社会ができないはずがないし、国民生活が苦しくならないはずはないのだ。

トヨタの場合、毎年数千億円規模で、内部留保金を増やしているのだ。

この内部留保金の毎年の増大分を人件費や下請け先の支払いに充てれば、社員や取引先はどれほどうるおうだろう。そして、トヨタ以外の日本の大企業もそれを見習えば、日本経済は相当にうるおい、活況を呈すはずである。

トヨタをはじめとした日本の大企業は、もう十二分に内部留保金は持っているのだ。これを増やすのではなく、還元することを考えるべきである。

また国は、彼らの内部留保金を増やす方向ではなく、**社会に還元させる方向で税制をつくりなおすべき**である。

なおアメリカ企業の近々の内部留保金のデータが見当たらなかったので「手元資金」のデータを準用した。

## 企業は金を貯めこむことで自分のクビを絞めている

企業がこれだけの金を貯めこむということは、自分の首を絞めていることでもある。

社員の給料も上がり、世間の景気もよくなっている上で、企業が内部留保金を増やして

巨額な内部留保金が景気を悪くする構造

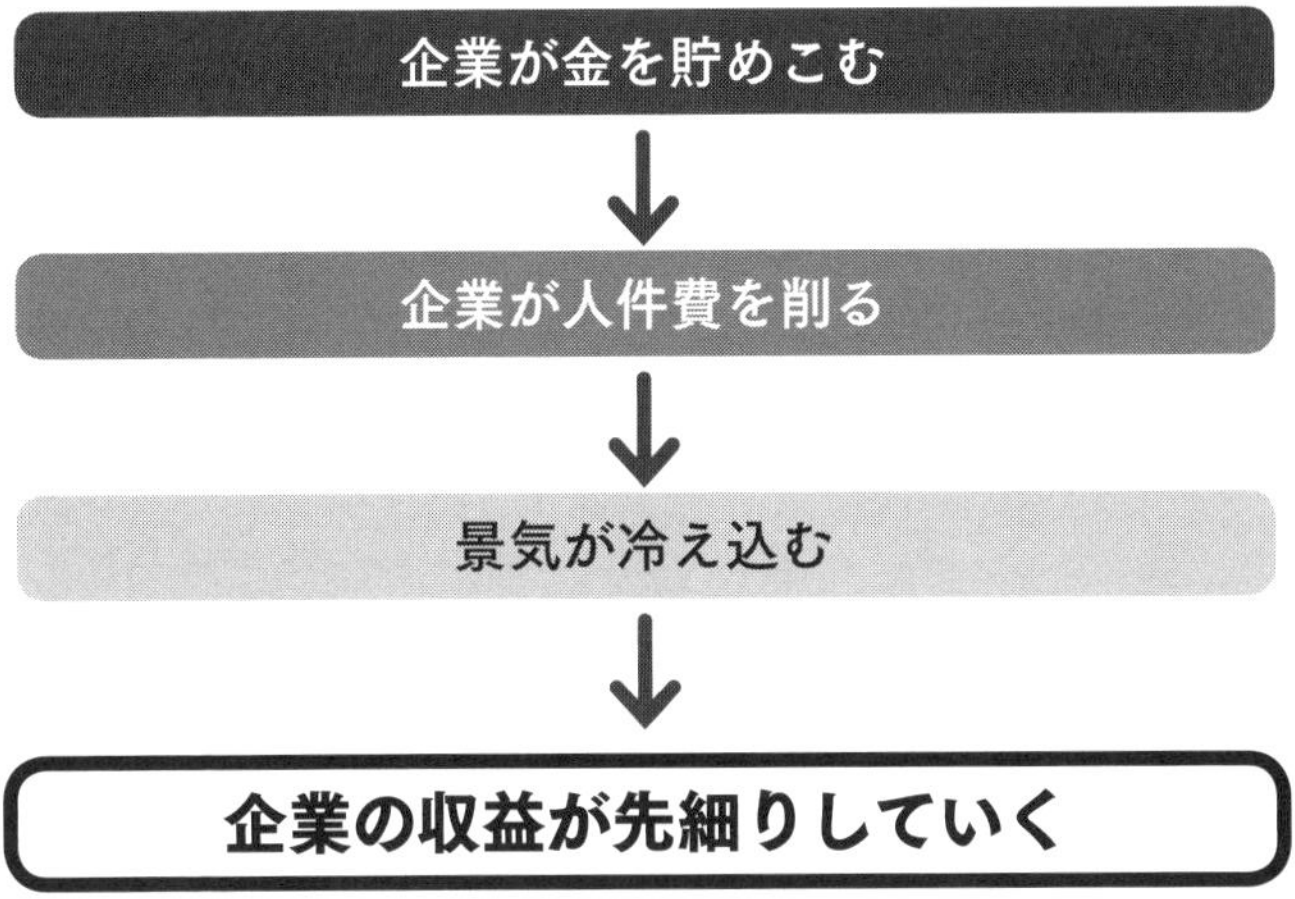


いるならば、別に問題はない。

しかし、サラリーマンの給料は上がらず（下がり続け）、過酷なリストラが繰り返され、世間の景気が冷え込んでいるなかで、企業の貯金だけが増えているのである。

この巨額の内部留保金は、日本経済の金の流れをせき止めており、消費を冷え込ませ、景気を悪くしている要因でもある。企業が社員に払うわけでもなく、物を買うわけでもなく、金を貯めこんでいるから、不景気となっているのだ。

そして不景気が続けば、やがては自社の業績にも響いてくる。不景気で経済キャパが小さくなれば、競争が激しくなり、必然的に収益も小さくなる。

たとえて言うならば、江戸時代の飢饉のと

きに、庄屋が米を独り占めして貯めこんでいるようなものである。もし飢饉で村民がみな死んでしまったり、どこかへ逃亡してしまえば、庄屋の生活も今後成り立たなくなるのである。

トヨタをはじめとする今の大企業たちというのは、そういう愚かなことをしているのだ。

そもそも企業の留保金というのは、世間様が企業の商品を買ってくれたから、生じたものである。

つまり世間のおかげで、儲かったはずだ。それをまったく還元せずに、しこたま貯めこんでいるわけである。太古から人間社会でもっとしてはならない、とされていることを、今の日本の企業はしているのだ。

日本が沈没しかかっているのも、無理はない。

# 第5章

# トヨタ栄えて国滅ぶ

## バブル崩壊後、人件費をけちったのがデフレの要因

バブル崩壊後のトヨタというのは、非常に極端な方向に傾いてきた。株主ばかりを極端に厚遇し、社員の給料はあげず、リストラなどを敢行するなどしてきた。そして人件費を削って配当に回したり、内部留保を貯めるというような愚かなことを普通にやってきた。

それは日本全体の企業に波及した。

それが結局、日本の閉塞感を招いたのである。

日本はデフレ不況と言われるようになって久しい。

資本主義経済のもとでは、経済成長していれば、当然、物価が上がることになっている。しかし、日本では物価が下がっている。それが、日本経済がなかなか浮揚しない理由だとされている。

デフレに関するニュース解説などでは、「デフレになると経済が収縮するので給料が下がる」というようなことをよく言われる。サラリーマンの給料が下がるのも、そのせいだと言われている。

しかしちゃんとデータを見れば、それはまったく間違っていることがわかる。表25のようにサラリーマンの平均給料は平成９年をピークに下がりはじめている。しかし物価が下がり始めたのは平成10年である。

つまり給料のほうが早く下がり始めたのだ。

これをみると、デフレになったから給料が下がったという解釈は、明らかに無理がある。現在の日本のデフレの最大の要因は、賃金の低下と捉えるのが自然だろう。

給料が下がったので消費が冷え、その結果、物価が下がったというのが、ごく当然の解釈になるはずだ。

バブル崩壊以降、トヨタをはじめとした財界は「国際競争力のため」という御旗を掲げ、賃金の切り下げやリストラを続けてきた。また正規雇用を減らし、収入の不安定な非正規雇用を激増させた。

その結果、消費の低下を招き、デフレを引き起こしたのだ。

大げさに言うならば、トヨタが人件費をけちってきたのが、日本にデフレを招いたということだ。

### 表25　この20年の平均賃金と物価指数の推移

| | この20年の物価指数（平成22年を100とした場合） | この20年の平均賃金 |
|---|---|---|
| 平成3(1991)年 | 97.6 | 447万円 |
| 平成4(1992)年 | 99.3 | 455万円 |
| 平成5(1993)年 | 100.6 | 452万円 |
| 平成6(1994)年 | 101.2 | 456万円 |
| 平成7(1995)年 | 101.1 | 457万円 |
| 平成8(1996)年 | 101.2 | 461万円 |
| 平成9(1997)年 | 103.1 | 467万円(最高値) |
| 平成10(1998)年 | 103.7(最高値) | 465万円 |
| 平成11(1999)年 | 103.4 | 461万円 |
| 平成12(2000)年 | 102.7 | 461万円 |
| 平成13(2001)年 | 101.9 | 454万円 |
| 平成14(2002)年 | 101.0 | 448万円 |
| 平成15(2003)年 | 100.7 | 444万円 |
| 平成16(2004)年 | 100.7 | 439万円 |
| 平成17(2005)年 | 100.4 | 437万円 |
| 平成18(2006)年 | 100.7 | 435万円 |
| 平成19(2007)年 | 100.7 | 437万円 |
| 平成20(2008)年 | 102.1 | 430万円 |
| 平成21(2009)年 | 100.7 | 406万円 |
| 平成22(2010)年 | 100.0 | 412万円 |
| 平成23(2011)年 | 99.7 | 409万円 |

＊金融庁と国税庁の統計発表から著者が抜粋

## 史上最長の好景気でもデフレは解消されなかった！

「企業の業績がよくなれば、デフレが解消され、給料も上がる」

昨今の経済評論家や政治家はみなそういうことを言う。

トヨタの優遇税制なども、この理屈から来ている部分がある。

が、近年の経済データをそれは明白に誤りだったことがわかる。

もうすっかり忘れ去られているが、2002年2月から2008年2月までの73か月間、日本は史上最長の景気拡大期間（好景気）を記録している。

トヨタも、この間に史上最高収益も記録したし、他にも過去最高の収益をだした企業はたくさんある。

しかし、その結果、どうなったか？

**好景気であるのに、国民の生活はまったくよくならなかった**のだ。

しかも、この好景気の6年間、物価は下がり続けた。

これを見たとき、「企業の業績が上がり好景気になればデフレは解消される」という説は、まったくの誤りだということがわかる。好景気になったところで国民の収入が上がらなければ、デフレは解消されないのである。

我々は「好景気になれば給料が上がるから」と言われ、ひたすら賃金カットやリストラに耐えてきた。しかし、史上最長の好景気を迎えたにもかかわらず、デフレは解消されずに、給料も下がりっぱなしだったのだ。

それは単に企業が賃上げをしなかったことが、最大の要因なのである。

トヨタなどが非常に儲かっていたにもかかわらず、利益を株主へ配当し、内部留保として貯めこんだことは前述した。

日本企業の利益剰余金（利益から税金を引いた残額）は、2002年には190兆円だったが、現在は300兆円を超えている。しかもこの利益剰余金は、その多くが投資に回されずに、企業に現金・預金として貯め込まれたのだ。

企業は儲かったお金を取りこむばかりなので、当然のことながら、社会にお金が回らない。社会にお金が回らなければ、消費は冷え込む。消費が冷え込めば、モノの値段は下がり、デフレになる。

当たり前と言えば、当たり前の話である。

つまり、どう考えても**デフレの要因は、「サラリーマンの賃金」**だとしかいえないはずだ。

また企業が社員の賃金を上げないということは、自らの首を絞めていることでもある。

財界は刈り取るだけ刈り取って、種を蒔《ま》いていないということなのだ。

企業にとって社員というのは、顧客でもあるわけだ。彼らの消費力が減れば、国全体で見れば企業は顧客を失っていくに等しい。

だから企業にとって、社員の賃下げというのは、遠回しに自分に打撃を与えているのだ。

## 先進国でデフレで苦しんでいるのは日本だけ

デフレの要因が賃金であることのわかりやすい証拠をもう一つ挙げたい。

近年、デフレで苦しんでいる先進国は、日本だけなのである。

そして先進国のなかで、賃金が上がっていないのは主要先進国では日本だけなのだ。次の表26を見ていただきたい。

これは製造業の時間当たりの賃金である。

各国で比較できるデータでは、これしか見当たらなかったので、これを使っているが、製造業以外の給与形態もそれほど変わりはないと思われ、ざっくりした各国の賃金の比較検討には問題ないと思われる。

2000年から2010年までの賃金を見ると、日本以外の国は、どこも大きく上昇し

**表26　この10年の主要先進国の賃金（製造業・1時間あたり）**

| | 日本（円） | アメリカ（ドル） | イギリス（ポンド） | ドイツ（ユーロ） | フランス（ユーロ） |
|---|---|---|---|---|---|
| 2000年 | 2266 | 18.79 | 11.47 | 21.09 | 16.66 |
| 2003年 | 2248 | 20.75 | 12.73 | 22.74 | 18.72 |
| 2004年 | 2289 | 20.63 | 13.21 | 22.84 | 19.35 |
| 2005年 | 2303 | 21.58 | 12.85 | 23.28 | 19.92 |
| 2006年 | 2314 | 22.59 | 13.29 | 24.05 | 20.62 |
| 2007年 | 2253 | 23.60 | 13.63 | 24.65 | 21.34 |
| 2008年 | 2288 | 24.39 | 14.44 | 25.23 | 22.02 |
| 2009年 | 2269 | 24.85 | 14.37 | 25.63 | 22.02 |
| 2010年 | 2244 | 24.91 | 14.18 | 25.62 | 22.79 |

＊データブック国際労働比較2013年度版より

ている。アメリカなどは30％も上がっている。イギリスも、ドイツも、フランスも20％以上は上がっているわけである。

でも、日本だけが上がるどころか下がっているのだ。

この10年間というのは、先進諸国はどこもリーマンショックの影響を受けている。でも、賃金はちゃんと上がっている。

だから、デフレにもなっていないのだ。

これを見て、日本のデフレの原因は、賃金であることは、明白であるはずだ。

## 賃金が上がらなければ経済が縮小するのは当たり前

バブル崩壊後、トヨタをはじめとする日本の大企業というのは、「経済成長」「国際競争力」という旗印のもとで、企業業績ばかりを優先させてきた。

しかし、それは一時的な経済成長はもたらすが、日本経済にとってしっかりとした地力をつけることには結びつかなかったのである。

それは、よく考えれば当然の話である。

経済というのは、企業ばかりを優先していれば、やがて行き詰まる。

当たり前のことだが、経済というのは企業の力だけがいくら強くても成り立たない。企業のつくったもの（サービス）を買ってくれる「豊かな市場」があって、はじめて企業は存在できる。

企業が人件費を切り詰めれば、一時的に収益が上がる。だから、それで経済成長したように見える。

しかし企業が人件費を切り詰めれば、国民の収入は下がり、購買力も低下する。国民の購買力の低下は、企業にとっては「市場が小さくなる」ということである。市場が小さくなっていけば、企業は存続できなくなる。

それは、当たり前といえば当たり前のことである。

表27を見てほしい。

1995年と2012年を比較した場合、アメリカもユーロ圏も大幅に賃金が上昇している。しかし、日本だけが賃金が低下しているのである。前述したように、この2～3年はアベノミクスで若干、賃金があがっているものの、消費税の増税分にさえ届いていないし、ましてやこの10数年の欧米の上昇率には遠く及ばないのである。

バブル崩壊以降、日本経済はそれほど悪くなかった。GDP（名目）は増えているし、トヨタなど何度も史上最高収益を出している企業もある。

しかし賃金（名目）は13ポイントも下がっているのだ。つまり、日本経済の市場は13ポイントも縮小しているといっていい。

こうなれば、消費が減るのも当たり前だ。給料が減れば、財布のひもも固くなる。となれば、給料の減少以上に消費が減ることになる。

消費が減れば、モノが売れなくなり、モノは安くなる。それが続けばデフレになる。

バカでもわかる図式である。

そして、何度も言うが、この間の企業の業績は決して悪くない。

**表27 先進国の名目賃金の推移（1995年を100とした場合）**

| | アメリカ | ユーロ圏 | 日本 |
|---|---|---|---|
| 1995年 | 100 | 100 | 100 |
| 2012年 | 180.8 | 149.3 | 87.0 |

＊OECD Economic Outlook 2013年より

内部留保金がこの間に1・5倍に激増し、企業の配当金も4倍以上になった。

「企業が金を貯めこみ過ぎている」
「企業が人件費を削り過ぎている」

デフレの最大の要因はそこにあるのだ。

このまま賃金を抑制し続けたら、日本人の購買力がどんどん落ちるのは自明の理である。そして、日本全体がどんどん貧困化していく。そうなれば、トヨタも危うくなるのだ。そうなる前に、ため込んだ金を吐き出すべきじゃないのか？

自分の会社だけがそれをやるのはためらいがあるのなら、経済界全体で申し合わせ、賃金を上げるべきじゃないのか？

バブル崩壊後の名目GDPの上昇分くらいは、人件費を上げないと、日本経済が本当に復活することはないと言えるだろう。消費税が増税されるとなると、なおさらのことである。

賃金というのは、日本経済の活力源なのである。これを増やさなければ、日本経済はどんどん元気がなくなっていく。それはバブル崩壊以降の20年で、嫌というほど経験したはずではないか？

## 自分で自分の首を絞めたトヨタ

トヨタのような企業が自社の目先の利益ばかりを考え、国民生活を考えないならば、いずれは立ち行かなくなる。

なぜなら自動車などというものは、国民生活が豊かじゃないと、販売量は増えないからである。

実際、これはデータにもでてきているのだ。

トヨタは自社の販売を増やすためにさまざまな税制優遇を獲得したり、派遣社員を増大させたりしてきた。

これは結局、自分の首を絞めることになっている。

**トヨタの車の国内販売は、バブル期に比べれば、急激に下落している**のだ。

物品税が廃止され、消費税が導入された後、一時的にトヨタの国内販売台数は増加した。

しかし、すぐに販売台数は減少に転じた。

最高時には216万台だったが、消費税導入前の販売台数約180万台をすぐに割り込

# 表28　トヨタの乗用車の販売台数

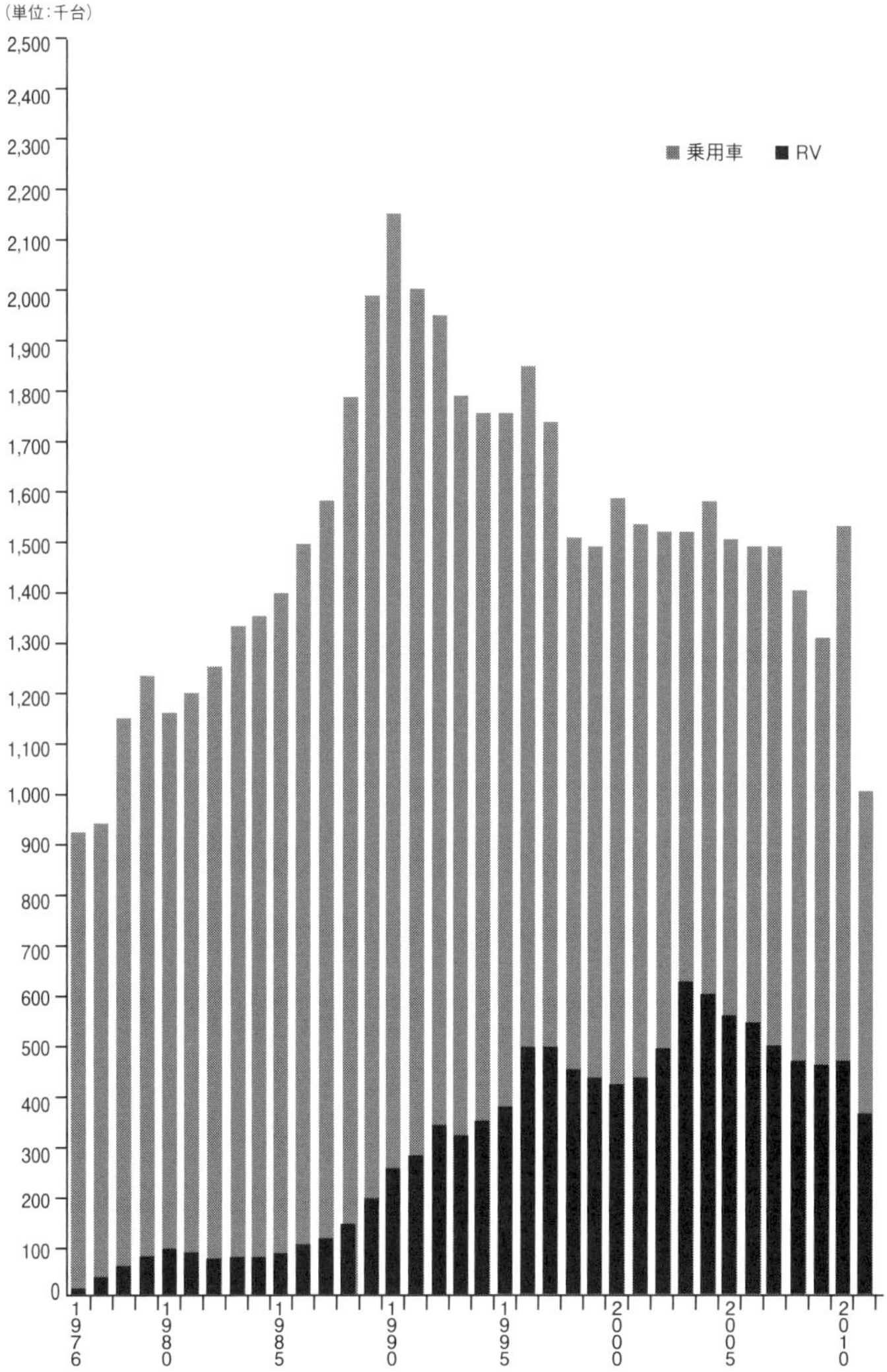

表29　国内自動車販売数の推移（全メーカー・軽自動車も含む）

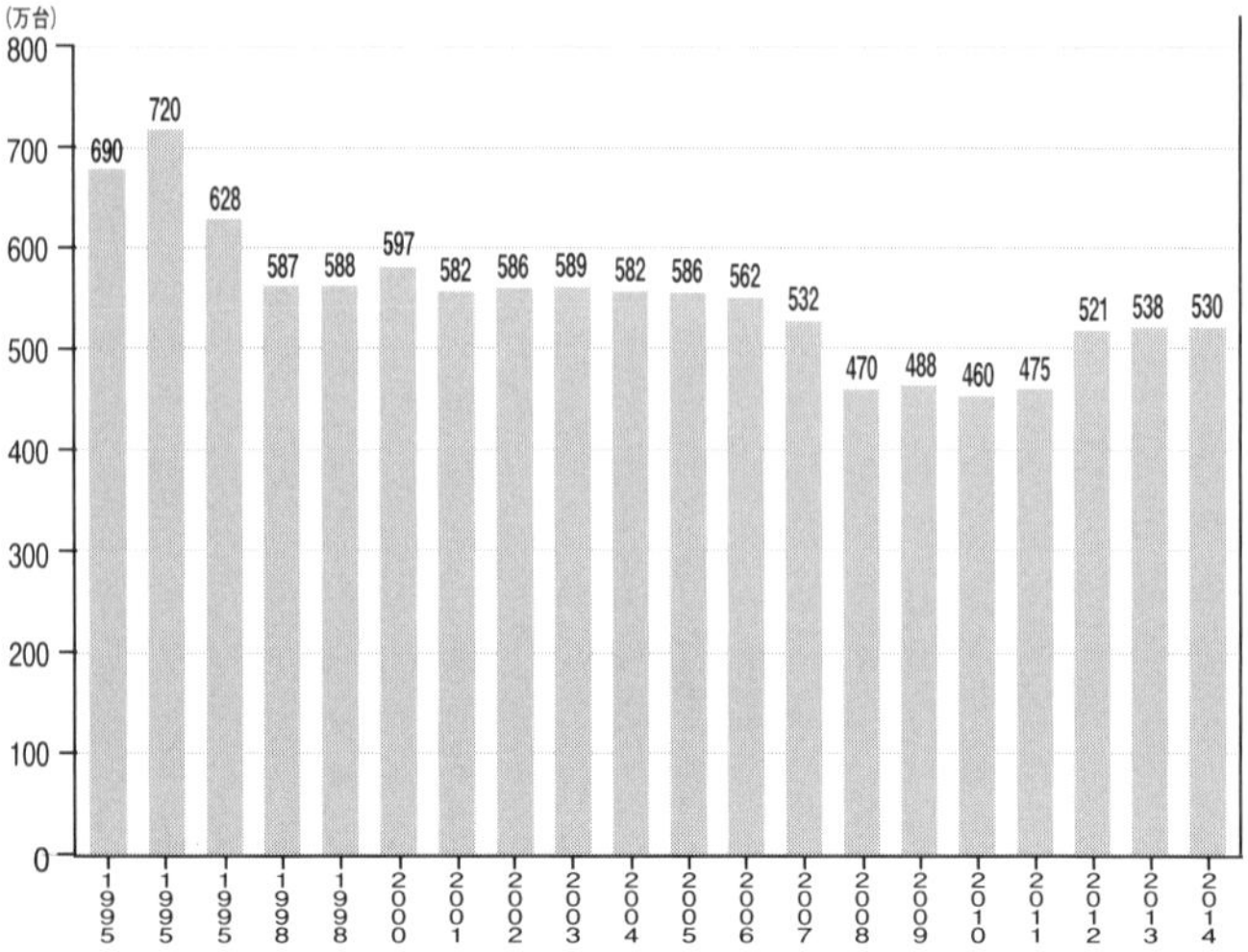


み、平成23（2011）年に至っては、107万台にまで落ち込んだ。表には載っていないが、現在は135万台前後である。最高で216万台だったのが、135万台前後にまで落ち込むというのは、相当なものである。

**約40%もの落ち込み**である。つまりは**市場の大きさが半分近くになってしまった**のだ。

また販売台数が落ち込んだのは、トヨタだけではない。

国内の自動車販売は、各社とも軒並み台数を減らしており、ピーク時から比べると30%も下落している。

これは、消費税をはじめとしたトヨタ優遇税制や、非正規雇用の増大により、国内景気が落ち込んだのが大きい。特に若い世代の収入が激減したことが大きな要因だと考えられる。

## フォルクスワーゲンには労働者が経営に参加している

これまでトヨタの雇用政策がいかに貧弱なものかということを述べてきた。「自動車業界は、世界的に競争が激しいので、どこの国も似たようなものじゃないか」と思う人もいるだろう。

しかし、先にも述べたように、欧米の先進諸国は、日本よりもはるかに労働者の権利が重要視されている。賃金の額、上昇率、労働条件などは、トヨタと、欧米の自動車メーカーでは、大きな開きがある。

ここではトヨタのライバル社の雇用政策について、具体的に見ていきたい。

まずフォルクスワーゲンから。

フォルクスワーゲンは、2015年に、排ガス規制車の不正が発覚するというスキャンダルで、すっかり株を落としてしまった。もちろん、このスキャンダルについては、非難されるべきであり、改善をしなければならないものである。

だが、**企業としての全体的な姿勢は、トヨタよりもはるかに高尚なもの**がある。

特に従業員や本国ドイツに対する貢献の姿勢は、トヨタとはまったく違う。

フォルクスワーゲンは、伝統的に従業員を非常に大事にする企業である。

そもそもドイツの法律では、大企業の経営を監査する「監査役会」の人員の半分は、労働者代表が占めることになっている。

そのため、安易な人員削減はできない。実際、フォルクスワーゲンのドイツ国内の工場は閉鎖されたことはなく、縮小もあまりない。

自動車業界は国際競争の激しい分野であり、どこのメーカーも人件費を削減して、コストを抑えたい。当然、フォルクスワーゲンにも、そういう欲求がある。

しかし、同社は、決して安易に人員削減することはなかった。1990年代のドイツ自動車業界の大不況のときも、人員削減をせず、「労働時間を短縮することで賃金を削減すること」を労使が合意した。

期間工1万人を簡単に切ってしまうトヨタとは、企業体質がまったく違うのである。

フォルクスワーゲンは、ドイツ国内だけじゃなくEU内での雇用にも配慮している。

たとえば2006年のヨーロッパ経済不況のとき、ドイツ国内の雇用を守るため、ベルギー工場の閉鎖を検討していたが、フォルクスワーゲン本社の労働組合の働きかけにより、ベルギー工場の閉鎖は免れた。

また、オープンカーの生産拠点であるポルトガル工場は、過剰人員を抱えていた。オープンカーは季節的に需要の変動があるからだ。フォルクスワーゲンは、過剰人員を削減することはせず、ポルトガル工場で、別車種の生産を行ったり、ポルトガル工場の従業員200人をドイツ国内に研修として呼び寄せたりした。

ドイツはEUのリーダーであり、フォルクスワーゲンもリーダー国の企業としての責任を果たしているのだ。

フォルクスワーゲンも、近年の国際化の潮流により、世界中に生産拠点をつくっている。しかしながら、先ほども言ったように、国内の工場は決して閉鎖していないし、今でも生産の約50％はEU内で行っている。ドイツ国内やEUでの雇用はしっかり守っているのだ。

フォルクスワーゲンは、このように、ドイツ国内やEU内の従業員のことを手厚く保護した上で、トヨタとの熾烈な販売競争を行っているのである。

## ゼネラルモーターズは解雇者の生活を保障している

次にもう一つのライバル、アメリカのゼネラルモーターズ（GM社）を見てみよう。

アメリカというと、企業の経営が悪くなると、すぐに首を切るというようなイメージがある。だが、実態は決してそうではない。

アメリカは同一職務、同一賃金制度が徹底した国であり、日本のように「正規社員と非正規社員が、同じ仕事をしても給料が全然違う」ということはありえない。だから、非正規社員であっても、仕事に就きさえすれば、正社員と同じ賃金をもらえるのである。

しかも、アメリカの自動車業界ではレイオフ先任制度というものがある。

このレイオフ先任制度というのは、もし経営が悪くなって、人員削減をしなければならなくなったときには、雇用年数が浅い人から順に解雇する、というものである。だから、長く働いていた人ほど、解雇される可能性は低くなる。

しかも、その後、会社の経営がよくなって人を雇うことになった場合には、解雇された人の中から、雇用年数が長い順に呼び戻されることになっている。

またアメリカの自動車業界には、「JOBS PROGRAM」という独自の失業補償制度がある。これは、レイオフ（解雇）された従業員が、公的な失業保険の支給期間が終わった場合、自動車業界のつくった基金「JOBS PROGRAM」から賃金の100%をもらえるという仕組みである。

この「JOBS PROGRAM」を受ける元従業員は、ボランティア的な仕事のほか、職業訓練を受ける。この支給期間に期限はなく、基金の資金が枯渇するまでは支払いが行われる。

つまり、アメリカの自動車産業の従業員は、解雇されても事実上、生活が保障されるのである。

ＧＭ社は、この「ＪＯＢＳ ＰＲＯＧＲＡＭ」に２０００億円以上も出している。アメリカの企業は日本よりも簡単にレイオフを行うが、それは手厚い従業員の生活保障の見返りなのである。

ＧＭ社は、ご存じのように、２００９年に経営破たんし、アメリカ政府から巨額の公的支援を受けて再建した。しかし、ＧＭ社の経営破たんは、従業員の手厚い雇用条件を守った上でのことだったのである。しかも、ＧＭ社はトヨタよりもはるかに多額の税金を長年払い続けてきた。アメリカという国に多大な貢献をしてきたのである。

## このままでは、いずれトヨタも滅びる

前述したように、１９９０年代後半からトヨタは急激に海外に販路を求めるようになった。それは、日本の自動車市場が低迷しているというのが、最大の理由である。

現在のトヨタの軸足は、国内ではなく海外にあるといえる。

だが、外国に軸足を置く、というのは、実は企業にとって大変なことなのである。どこの国だって、外国の企業にそうやすやすと儲けさせたくはない。ましてや、自動車は一国の発展を左右するような業種である。なるべくなら自国で生産したいと考えているものである。

トヨタもその点は重々知っているはずだ。

販売が好調のアメリカでは時々、儲かっている日本企業は難癖をつけられて、制裁金を支払わされる羽目になる。

たとえば2014年3月にも急加速問題を隠ぺいしたとして、トヨタはアメリカの司法省に1200億円もの和解金を支払わされている。

また中国市場が膨らみ、トヨタも大きな期待をかけている。しかし、中国でもそう簡単に儲けられるはずはない。

たとえば、2012年の反日キャンペーンで、しばらく日本車の販売が壊滅的な打撃をうけたことは記憶に新しいはずだ。

そして中国としても、自動車産業はゆくゆくは自国の企業で成り立たせたいと思っているはずだ。だから自国企業にさまざまな恩恵を与え、外国企業を締め出そうとするだろう。

新型プリウスをめぐる世界規模でのリコール問題が拡大するなか、2010年2月24日に豊田章男トヨタ社長はアメリカ合衆国の代議院監視・政府改革委員会の公聴会に呼び出され、散々な目にあった。 ©Abaca/amanaimages

トヨタなどの日本企業は、技術をコピーされた後に放り出されるという可能性もある。

トヨタが末永く発展しようと思うのならば、**まずは母国である日本を大事にするべき**である。

日本国に対し妥当な税金を払い、日本の労働者が普通に豊かな生活を送れるような賃金を払う。下請け会社などにも、まっとうな料金を支払う。

そうすれば、日本の自動車市場はもっと拡大し、安定するはずである。トヨタも日本国内で十分に利益が上げられれば、そう無理して海外展開をする必要もない。

トヨタがまず第一にすべきことは、トヨタの末端の下請け企業の派遣社員でさえ、トヨタの車が買えるような、日本社会にすることである。

そうすれば、トヨタは自然に栄えることができるのだ。

## 財界は非正規雇用者の生活に責任を持つべし

今の日本経済の状況で、まずやらなければならないことは、低収入者の解消だ。

特に非正規雇用の増加は、緊急の課題と言える。

そもそも、なぜトヨタや財界は非正規雇用を増やそうとしてきたのか？

その理由は次のようなものである。

「企業には、繁忙期もあれば閑散期もある。また景気のいい時期もあれば悪い時期もある。常時、多くの雇用を抱えていれば、それは企業にとって大きな負担となる」

企業側から見れば、確かにそのとおりだろう。

一番忙しいときを基準にして、雇用を決めていれば、景気が悪くなったときに、人件費が大きな負担となる。だから、忙しいときには雇用を増やし、そうではないときには雇用を減らせるような仕組みが欲しい。

利益だけを追求する場合、理屈としては、それはまっとうなものでもある。

だが、企業には利益追求だけでなく、社会的な責任も企業にはあるはずだ。

企業というのは、その国が平和で社会が安定しているからこそ栄えることができるのだ。だから企業が社会の安定に一定の寄与をすることは、義務でもあり、自分たちのためでもある。

今のような形で非正規雇用を増やせば、いずれ日本の社会は崩壊してしまう。そうなれば、企業自体が立ち行かなくなるはずだ。

財界が非正規雇用を増やしたいというのであれば、非正規雇用であっても、普通に暮らしていけるような保障をすべきだろう。

財界が基金を出し合って、不景気になって非正規雇用を減らしたようなときには、彼らの生活を保障する制度などをつくらなくてはならない。

そして非正規雇用者の賃金も、少なくとも正社員の7～8割以上にはすべきである。

たとえばアメリカの自動車業界のように、各社が基金を出し合って期間工を雇い止めする際には、失業保険が切れた期間は、手当てを支出するなどの仕組みをつくるべきだ。

**トヨタが内部留保金の1％を支出すれば1500億円の基金がつくれる**。たったそれだけで期間工1万人の収入を5年間も補償できるのだ。そしてトヨタの内部留保金が増えるたび、その1％を基金に充足すれば、期間工は正社員と同じような安定した生活をすることができるだろう。

内部留保金1％を期間工のために支出することなどは、トヨタにとってたやすいはずだ。そして、たったそれだけのことで、トヨタの期間工は普通に安心できる人生を送れる。ひいては日本中にこの傾向が広がり、非正規雇用者の生活は格段に安定するはずだ。それは日本経済全体に、莫大なプラスの効果を生むはずだ。

これだけ非正規雇用が増えた今、「非正規雇用ではまともに生活できない」というのであれば、経済社会は成り立たない。

もし彼らが今のままの経済生活を続けていれば、彼らが老後を迎えたときに、数千万人規模での生活保護受給者となってしまう。そうなると、トヨタがいかに収益を稼いでも、日本経済は崩壊してしまう。

また非正規雇用が増え、低所得者層が拡大すれば、トヨタ自身の首も絞めることになる。車を買える層がどんどん狭まっていくからだ。それは、90年代以降のトヨタの国内業績を見れば明らかなはずだ。

非正規雇用をこれだけ増やし、利用してきた財界は、彼らの将来に責任を持つべきだろう。それが、財界の将来にもつながっていくことになる。

## 大企業を優先する経済政策の愚

これまでトヨタが税制などで優遇されてきた経緯を見てきたが、なぜここまでトヨタが優遇されなくてはならないのか、という疑問を持たれた方も多いはずだ。

「政治献金」も確かに大きな理由ではあるだろう。

もう一つ大きな理由がある。

それは「経済政策」である。つまり経済政策として、トヨタなどの輸出企業が優遇されてきたのである。

バブル崩壊以降、日本の政治家や経済官僚たちが目指してきた目標は、「高度経済成長の再来」だった。

それはトリクルダウンという理論からきている。トリクルダウンとは、「富める者がより富めば、貧しいものも富むようになる」という理論である。

「大企業の業績がよくなれば経済が活性化する」

と、政治家や経済学者たちは信じたのだ。

大企業や富裕層が潤えばそれは社会全体に波及する、つまり山の頂に水を流せば、やがてふもとまで流れていくという発想である。トヨタばかりを優遇するのは、この考え方によるものである。

この理論は、ソ連、東ヨーロッパの共産主義国が崩壊したころから、幅を利かせるようになったものである。

1990年代、共産主義国が次々と倒れるのを見て「金持ちを優遇することこそが、経済を成長させる唯一の道」という極端な方向に振れてしまったのである。

しかし、そもそも共産主義というのは、資本主義がおざなりにしてきた貧困問題が発端となって、広まったものである。そして共産主義が崩壊したのは、皆が平等だったからではなく、むしろ**「隠れた特権階級」**が生じたことが要因なのである。

そこを丁寧に分析することなく、「共産主義がダメだったんだから、富裕主義（トリクルダウン）を取ればいい」というような雑な方法を採ってしまったのだ。

このトリクルダウンの理論により、バブル崩壊後の日本では、大企業や富裕層が優遇されるようになった。

「企業の業績を上げることで、経済をよくしていこう」

「富裕層が潤うことで国全体を豊かにしよう」

という経済思想になったのである。

政府は派遣社員の範囲を広げたり、企業が残業手当をあまり払わないでいいような法改正をたびたび行った。

企業は業績向上のために平気でリストラを行うようになったが、政府はそれを黙認した。また企業は業績が向上しても、社員の給料を上げないようになった。

これは前述したように、これまでの日本の雇用政策を大きく変革するものだった。それまでの日本企業の雇用は、まず正規雇用を大事にし、できる限り賃上げを行う。

それは、経済の好循環を生んでいた。

国民の生活はどんどん豊かになり、消費は増えた。それが企業の繁栄にもつながったのである。

「トリクルダウン」という考え方は、その好循環を崩してしまったのである。

## 「富裕層がうるおえば国全体がうるおう」という勘違い

また「トリクルダウン」の思想により、国は富裕層にも大きな優遇制度を敷いた。

所得税を中心に大減税を行ったのだ。所得が1億円の人の場合、1974年では所得税率は75%だった。しかし84年には70%に、87年には60%に、89年には50%に、そして現在は45％まで下げられたのである。また住民税の税率も、ピーク時には18％だったものが、今は10％となっている。

このため最高額で26・7兆円もあった所得税は、2015年には16・4兆円にまで激減している。

その一方で、**富裕層優遇政策は、日本の億万長者を激増させる**ことになった。

アメリカの「ワールド・ウェルス・リポート」によると、2004年には134万人だった日本の億万長者は、2013年には273万人に達しているという。**ほぼ倍増である。**

この「ワールド・ウェルス・リポート」というのは、金融資産だけで100万ドル以上を保持している人を換算したものである。

つまりサラリーマンの給与が下がり続け、ワーキングプアが激増しているなかで、億万長者は倍増しているのである。

このトリクルダウン政策が採られるようになってから、日本経済は長い低迷期に入るのである。

富裕層への優遇によって経済が停滞することは、少し分析すれば間違いなくわかるはずである。なぜなら富裕層は、もともと十分な消費生活をしているのだから、それ以上、収入が増えてもなかなか消費には回らず、貯蓄や金融商品に回ってしまう。

一方、貧困層は収入が減れば、たちまち消費が減るので経済は停滞する。物が売れないので、物の値段は下がりデフレとなる。

これは、少し考えれば、誰にでもわかる理屈である。

そして、理屈だけじゃなく、現実もそのとおりになっている。

日本が富裕層優遇政策を採り始めたころから、消費は低迷し、デフレ不況となった。これは、**「富裕層にお金を回しても消費には行かず貯蓄が増えるだけ」という理屈がそのまま現実になっている**のである。

昨今になって、政治家もようやくそのことに気づき、安倍首相なども「賃金アップ」を財界に働きかけたりしている。しかしながら、それ以前の富裕層優遇措置が効きすぎて、ちょっとやそっと賃金アップをしたくらいでは、とてもデフレや格差社会は解消しないのである。

現在、日本国民の個人金融資産は1700兆円を超えている。これは1人あたりにすれば1500万円程度になる。しかも、これは金融資産のみの換算であり、土地、建物などの不動産は含まない。つまり現金、預金、金融商品だけで、1人1500万円も持っていることになっているのだ。4人家族であれば、6000万円である。

ほとんどの国民は、「そんな夢のようなことがあるか」と思っているはずだ。ほとんどの国民は、そのような多額の金融資産は持っていない。

では、誰がそんな大金を持っているのか？

ごく一部の富裕層なのである。

だから普通の人たちは個人資産1700兆円と言われても、まったくピンと来ないのだ。

その一方で貧困層が急激に拡大している。年収200万円以下のサラリーマンが1000万人を超えたことは、前述したとおりである。生活保護受給者も近年激増している。

貧困家庭も増え、まともに食事をとれない子供がかなりいるという。しかも信じられないことに、現在、**日本の大学生の半分は、有利子の奨学金を使っている**のだ。奨学金とは名ばかりで、要は借金である。つまり日本の大学生の半分は、借金をしなければ大学に通えない状態なのである。

少子化で少なくなったはずの子供の学業さえ、満足に支えられない。にもかかわらず、億万長者はますます富を増やしている。

「トリクルダウン政策」がそういう日本をつくり出したのだ。

## 大企業は社会的責任を果たせ

政治家や財界の人たち、特にトヨタの首脳陣はよく考えてほしい。

近年の日本は、「国際競争力」を旗印にし、大企業の業績を優先させる経済政策を行ってきた。その結果、低所得者が増え、子供の数は減り、その少ない子供の教育さえままならない社会をつくってしまった。

しかし、それは長い目で見れば、「国際競争力」を大きく損なっているのである。

戦後の日本の繁栄は、勤勉で優秀な勤労者がつくり上げてきたものである。今の日本には、勤勉で優秀な勤労者を育てる土壌が急激に失われている。

今の日本は、目先の企業業績を上げることに労を費やすのではなく、地に足の着いた経済体系をつくっていくべきなのだ。

大企業の経営者というのは、国民の暮らしを成り立たせた上で企業を成長させるのはどうすればいいか、を考えるのが仕事だといえる。

従業員の待遇を削って企業の業績を上げるのは簡単である。安い賃金で、メチャクチャにコキ使えば、企業の経営効率が上がるのは当たり前である。

でも、それでは、企業は社会的責任を果たしていない。

「企業は株主のもの、だから株主が儲かるようにするべきで社員のことは考えなくていい」

などという経済評論家などもいるが、それは世間知らずというものである。

企業が事業を成功させることは、その企業だけの力では絶対にできないことである。企業は、国の資源を使っているのだ。

日本の企業は、

**「産業のインフラ」**

**「治安のいい社会」**

**「高い教育を受けた人材」**

などがあってこそ、世界で活躍できているのだ。

これらの**〝国の資源〟**は、国が企業のために整えたものではない。

国民のために整えたものである。国民生活が豊かになるために、国はそういう環境を整えたのだ。企業は、その国民の資源を使わせてもらっているのだから、相応の対価を支払うべきである。

また企業が社会的な責任を果たさなければ、いずれは企業自体に報いがくる。企業が賃金も雇用も増やさず、儲けたお金を社会にまったく還元しなかったら、どうなるか？

派遣社員ばかりが増え、若い人が家庭を持つことさえ覚束なくなったらどうなるか？

若い人の収入が減り、子供が減っていく社会というのは、企業にとっては顧客が減っていく社会でもある。

またそれは**人材が枯渇していく社会**でもある。そういう社会になってしまえば、やがて企業も枯れていくのである。

前述したように、トヨタの自動車の国内販売は大きく減じている。

これは若者の車離れが一つの大きな要因である。そして、若者の車離れの要因の一つとして、若者が金を持っていない、ということがある。

派遣社員やフリーターをしている若者は、車が欲しくても買うことができない。車の購入費や維持費をとても捻出できないからである。

「今の若者は、車を別に欲しいとは思っていないから、車離れになっているだけ」

という人もいる。しかし、もし派遣社員やフリーターにもっと収入があれば、車を買いたいと思う人は必ず増えるはずである。

都会で働く派遣社員やフリーターにとって、駐車場などの費用を考えれば、とても車などに手は出せない。中古車でも買う気にはなれない。つまり彼らにとって、車は、「買いたいもの」の選択肢にすら挙げることができないのである。

もし今のような経済社会が続けば、若者の車離れはもっともっと加速していくだろう。つまり、トヨタは自分で自分の首を絞めているのだ。

すでに見てきたように、日本の企業業績というのは、現在も決して悪くはない。**むしろ出来過ぎ**なのである。資金もしっかり貯めこんでいる。その資金をつぎ込んで、次世代が安心して暮らしていける社会をつくるべきなのだ。

それが真に永続的に企業が発展していく一番の近道ではないか。

これは、今すぐにでもやらなければならないことである。

今、何も手を打たなければ、少子高齢化や低所得者層拡大はどんどん進んでいく。

今のように目先の業績だけを追い求めていると、じり貧は避けられない。

そして、その先に行きつくのは、**少子高齢化で身動きができなくなった暗澹《あんたん》たる日本社会**である。

これ以上、少子高齢化が進めば、日本は活力のない老人国家になってしまう。そうなれば、トヨタも破滅するか、シャープのように外国企業に買い取られるしかなくなるのである。

# おわりに

## トヨタの経営は日本の企業全体の経営でもある

トヨタ車の優秀さは、筆者はひじょうによくわかっているつもりであり、日本人の勤勉さと能力の高さが凝縮されたものだと思っている。

またトヨタよりもひどいブラック企業は腐るほどある。

なのに、なぜ筆者がトヨタを批判するかというと、トヨタが日本最大の企業だからである。トヨタは事実上、日本を代表する企業であり、リーディング・カンパニーである。

トヨタの経営陣は、そのことをぜひ肝に銘じていただきたい。

トヨタの経営は、トヨタ・グループ内だけの経営ではない。日本企業全体の経営も担っているのだ、ということである。

トヨタがベースアップをケチれば、それは日本中の企業に波及するのである。それは、日本中のサラリーマンの給与が下がるということにつながり、消費が大きく下がることになる。もちろん、莫大なマイナスの経済効果を生んでしまう。

そのマイナスの経済効果は、トヨタ自身も苦しめることになるのだ。

逆にトヨタがベースアップをきちんと行えば、それは日本中のサラリーマンの給料を上げることになる。サラリーマンの給料が上がれば消費も増える。そうすれば、トヨタの売り上げ増にもつながるのである。

トヨタが従業員のために1000億円使えば、それは日本中で何兆円もの経済効果を生むということなのである。経営戦略としても、賃金をケチることがいかに愚かなことであるか、トヨタの経営陣は知るべきだろう。

大企業、富裕層が税金を不当な方法で逃れるというのは、トヨタだけじゃなく、世界中で行われている。現在の世界経済の潮流とさえいえるだろう。

しかし、こういうことが続けば、世界経済自体が滅茶苦茶になってしまう。大企業や富裕層が税を逃れれば、そのしわ寄せは庶民に行く。外国に子会社をつくったり、タックスヘイブンを利用したりができない我々庶民の税負担は年々重くなる。そうなると、格差はどんどん膨らみ、やがては社会不安や経済崩壊にまで至るだろう。

それは太古からの人類の歴史が証明している。大国の崩壊や大きな革命などの背景には常に経済格差の問題があった。一部の者だけがうるおう社会というのは、決して長続きはしないのである。

大企業や富裕層は、そのことを重々認識していただきたい。

最後に、ビジネス社はじめ本書の制作に尽力いただいた皆様にこの場をお借りして御礼を申し上げます。

著者

2016年　梅雨前

●著者略歴
**大村大次郎**（おおむら・おおじろう）
大阪府出身。元国税調査官。国税局で10年間、主に法人税担当調査官として勤務し、退職後、経営コンサルタント、フリーライターとなる。執筆、ラジオ出演、フジテレビ「マルサ!!」の監修など幅広く活躍中。主な著書に『パナマ文書の正体』『老後破産は必ず防げる』『税金を払わない奴ら』『完全図解版　あらゆる領収書は経費で落とせる』『無税国家のつくり方』『税金を払う奴はバカ！』（以上、ビジネス社）、『「金持ち社長」に学ぶ禁断の蓄財術』『あらゆる領収書は経費で落とせる』『税務署員だけのヒミツの節税術』（以上、中公新書ラクレ）、『税務署が嫌がる「税金０円」の裏ワザ』（双葉新書）、『無税生活』（ベスト新書）、『決算書の９割は嘘である』（幻冬舎新書）、『税金の抜け穴』（角川oneテーマ21）など多数。

なぜトヨタは税金を払っていなかったのか?

2016年6月29日　第１刷発行

著　者　大村大次郎
発行者　唐津　隆
発行所　株式会社ビジネス社
〒162－0805　東京都新宿区矢来町114番地　神楽坂高橋ビル5F
電話　03－5227－1602　FAX 03－5227－1603
URL　http://www.business-sha.co.jp/

〈カバーデザイン〉大谷昌稔
〈本文組版〉茂呂田剛（エムアンドケイ）
〈印刷・製本〉モリモト印刷株式会社
〈編集担当〉本田朋子　〈営業担当〉山口健志


ISBN978-4-8284-1889-6